창의영재수학

아이앤아이

영재들의
수학여행
Math Travel

초급
초등 3~5학년
B
도형
브라질편

KB013398

창의영재수학

아이앤아이

01 수학 여행 테마로 수학 사고력 활동을 자연스럽게 이어갈 수 있도록 하였습니다.

02 키즈 - 입문 - 초급 - 중급 - 고급으로 이어지는 단계별 창의 영재 수학 학습 시리즈입니다.

03 각 챕터마다 기초 - 심화 - 응용의 문제 배치로 쉬운 것부터 차근차 근 문제해결력을 향상시킵니다.

04 각종 수학 사고력, 창의력 문제, 지능검사 문제, 대회 기출 문제 등을 체계적으로 정밀하게 다듬어 정리하였습니다.

05 과학, 음악, 미술, 영화, 스포츠 등에 관련된 융합형(STEAM) 수학 문제를 흥미롭게 다루었습니다.

06 단계적 학습으로 창의적 문제해결력을 향상시켜 영재교육원에 도전 해 보세요.

창의영재가 되어볼까?

교재 구성

	A	**B**	**C**	**D**	**E**	**F**	**G**
키즈 (6세 7세 초1)	**A** (수) 수와 숫자 수 비교하기 수 규칙 수 퍼즐	**B** (연산) 가르기와 모으기 덧셈과 뺄셈 식 만들기 연산 퍼즐	**C** (도형) 평면도형 입체도형 위치와 방향 도형 퍼즐	**D** (측정) 길이와 무게 비교 넓이와 들이 비교 시계와 시간 부분과 전체	**E** (규칙) 패턴 이중 패턴 관계 규칙 여러 가지 규칙	**F** (문제해결력) 모든 경우 구하기 분류하기 표와 그래프 추론하기	**G** (워크북) 수 연산 도형 측정 규칙 문제해결력
입문 (초1~3)	**A** (수와 연산) 수와 숫자 조건에 맞는 수 수의 크기 비교 합과 차 식 만들기 벌레 먹은 셈	**B** (도형) 평면도형 입체도형 모양 찾기 도형 나누기와 움직이기 쌓기나무	**C** (측정) 길이 비교 길이 재기 넓이와 들이 비교 무게 비교 시계와 달력	**D** (규칙) 수 규칙 여러 가지 패턴 수 배열표 암호 새로운 연산 기호	**E** (자료와 가능성) 경우의 수 리그와 토너먼트 분류하기 그림 그려 해결하기 표와 그래프	**F** (문제해결력) 문제 만들기 주고 받기 어떤 수 구하기 재치있게 풀기 추론하기 미로와 퍼즐	**G** (워크북) 수와 연산 도형 측정 규칙 자료와 가능성 문제해결력
초급 (초3~5)	**A** (수와 연산) 수 만들기 수와 숫자의 개수 연속하는 자연수 가장 크게, 가장 작게 도형이 나타내는 수 마방진	**B** (도형) 색종이 접어 자르기 도형 붙이기 도형의 개수 쌓기나무 주사위	**C** (측정) 길이와 무게 재기 시간과 들이 재기 덮기와 넓이 도형의 둘레 원	**D** (규칙) 수 패턴 도형 패턴 수 배열표 새로운 연산 기호 규칙 찾아 해결하기	**E** (자료와 가능성) 가짓수 구하기 리그와 토너먼트 금액 만들기 가장 빠른 길 찾기 표와 그래프(평균)	**F** (문제해결력) 한붓 그리기 논리 추리 성냥개비 다른 방법으로 풀기 간격 문제 배수의 활용	
중급 (초4~6)	**A** (수와 연산) 복면산 수와 숫자의 개수 연속하는 자연수 수와 식 만들기 크기가 같은 분수 여러 가지 마방진	**B** (도형) 도형 나누기 도형 붙이기 도형의 개수 기하판 정육면체	**C** (측정) 수직과 평행 다각형의 각도 접기와 각 붙여 만든 도형 단위 넓이의 활용	**D** (규칙) 규칙성 찾기 도형과 연산의 규칙 규칙 찾아 개수 세기 교점과 영역 개수 수 배열의 규칙	**E** (자료와 가능성) 경우의 수 비둘기집 원리 최단 거리 만들 수 있는, 없는 수 평균	**F** (문제해결력) 논리 추리 님 게임 강 건너기 창의적으로 생각하기 효율적으로 생각하기 나머지 문제	
고급 (초6~중등)	**A** (수와 연산) 연속하는 자연수 배수 판정법 여러 가지 진법 계산식에 써넣기 조건에 맞는 수 끝수와 숫자의 개수	**B** (도형) 입체도형의 성질 쌓기나무 도형 나누기 평면도형의 활용 입체도형의 부피, 겉넓이	**C** (측정) 시계와 각도 평면도형의 활용 도형의 넓이 거리, 속력, 시간 도형의 회전 그래프 이용하기	**D** (규칙) 암호 해독하기 여러 가지 규칙 여러 가지 수열 연산 기호 규칙 도형에서의 규칙	**E** (자료와 가능성) 경우의 수 비둘기집 원리 입체도형에서의 경로 영역 구분하기 확률	**F** (문제해결력) 홀수와 짝수 조건 분석하기 다른 질량 찾기 뉴튼산 작업 능률	

책의 구성과 활용

단원들어가기

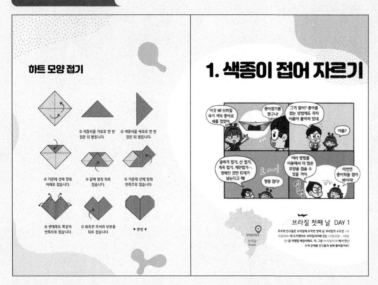

친구들의 수학여행(Math Travel)과 함께 단원이 시작됩니다. 여행지에서 수학문제를 발견하고 창의적으로 해결해 나갑니다.

아이앤아이 수학여행 친구들

전 세계 곳곳의 수학 관련 문제들을 풀며 함께 세계여행을 떠날 친구들을 소개할게요!

무우

팀의 맏리더. 행동파 리더.
에너지 넘치는 자신감과 무한 긍정으로 팀원에게 격려와 응원을 아끼지 않는 팀의 맏형, 솔선수범하는 믿음직한 해결사예요.

상상

팀의 챙김이 언니, 아이디어 뱅크.
감수성이 풍부하고 공감력이 뛰어나 동생들의 고민을 경청하고 챙겨주는 맏언니예요.

알알

진지하고 생각많은 똘똘이 알알이.
겁 많고 부끄럼 많고 소심하지만 관찰력이 뛰어나고 생각 깊은 아이에요. 야무진 성격을 보여주는 알밤머리와 주근깨 가득한 통통한 볼이 특징이에요.

제이

궁금한게 많은 막내 엉뚱이 제이.
엉뚱한 질문이나 행동으로 상대방에게 웃음을 주어요. 주위의 것을 놓치고 싶지 않은 장난기가 가득한 매력덩어리입니다.

단원살펴보기

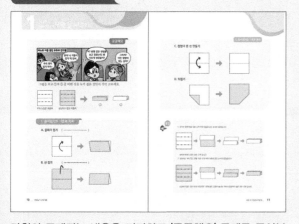

단원의 주제되는 내용을 정리하고 '궁금해요' 문제를 풀어봅니다.

대표문제

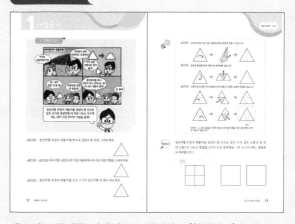

대표되는 문제를 단계적으로 해결하고 '확인하기' 문제를 풀어봅니다.

연습문제

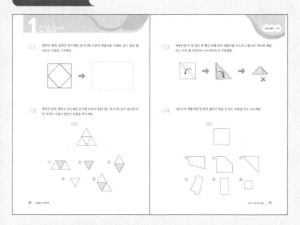

단원살펴보기 및 대표문제에서 익힌 내용을 알차게 구성된 사고력 문제를 통해 점검하며 주제에 대한 탄탄한 기본기를 다집니다.

심화문제

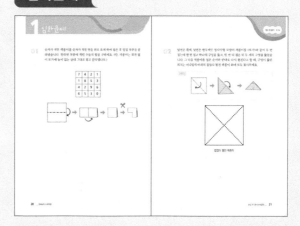

단원에 관련된 문제의 이해와 응용력을 바탕으로 창의적 문제 해결력을 기릅니다.

창의적문제해결수학

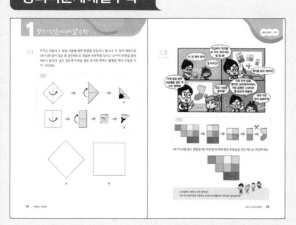

창의력 응용문제, 융합문제를 풀며 해당 단원 문제에 자신감을 가집니다.

정답 및 풀이

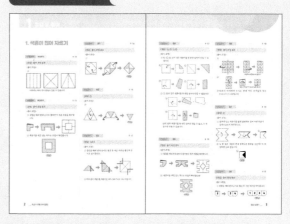

상세한 풀이과정과 함께 수학적 사고력을 완성합니다.

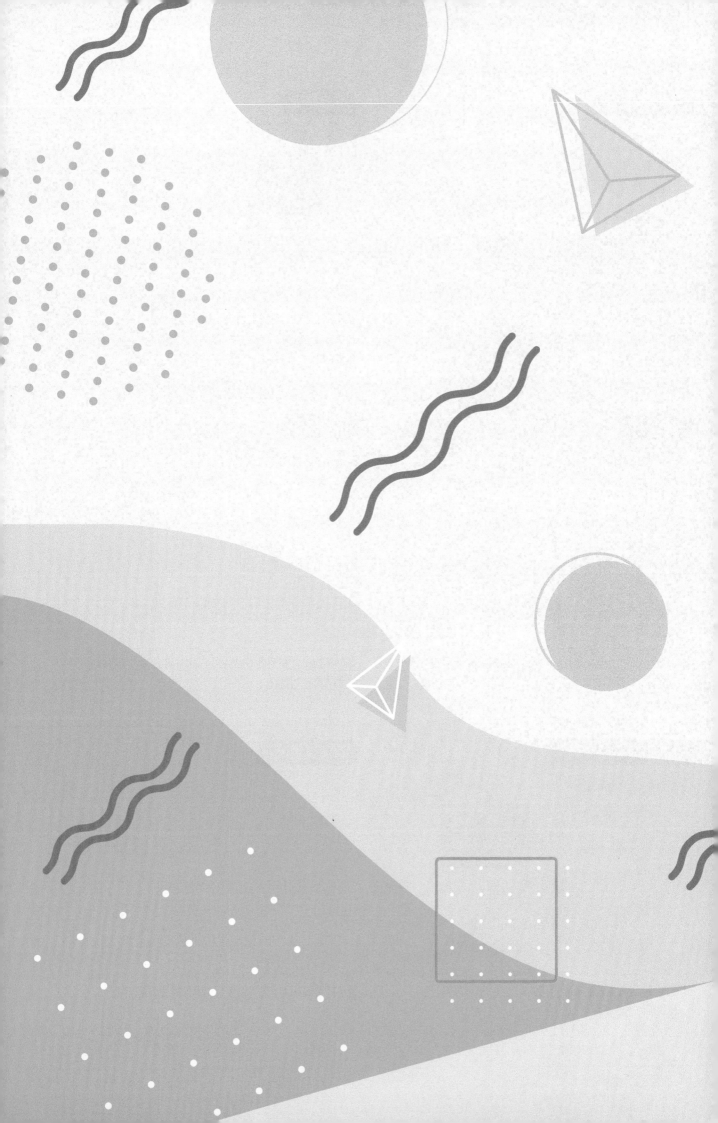

차례
CONTENTS
초급 **B** 도형
초등3~5학년

하트 모양 접기

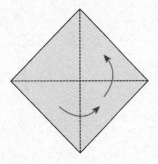

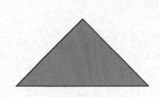

① 색종이를 가로로 한 번 접은 뒤 펼칩니다.

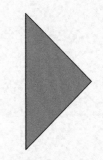

② 색종이를 세로로 한 번 접은 뒤 펼칩니다.

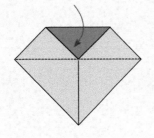

③ 가운데 선에 맞춰 아래로 접습니다.

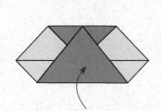

④ 끝에 맞춰 위로 접습니다.

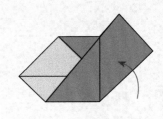

⑤ 가운데 선에 맞춰 안쪽으로 접습니다.

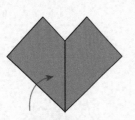

⑥ 반대쪽도 똑같이 안쪽으로 접습니다.

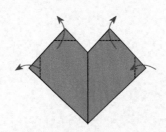

⑦ 뾰족한 모서리 부분을 뒤로 접습니다.

♥ 완성 ♥

1. 색종이 접어 자르기

브라질
Brazil

브라질리아 ★

✈

브라질 첫째 날 DAY 1

무우와 친구들은 브라질에 도착한 첫째 날, 브라질의 수도인
<브라질리아>에 도착했어요. 무우와 친구들은 브라질리아에 있는
<국립극장>, <대성당>을 여행할 예정이에요. 자, 그럼
<브라질리아> 에서 만난 수학 문제를 친구들과 함께 풀어볼까요?

궁금해요

그림을 보고 ①과 ② 중 어떤 것을 누가 접은 것인지 각각 고르세요.

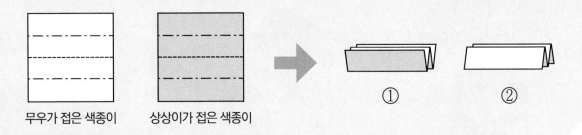

무우가 접은 색종이   상상이가 접은 색종이   ①   ②

1. 종이접기의 기호와 약속

A. 골짜기 접기   (-------------------------)

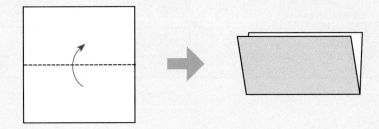

B. 산 접기   (-·-·-·-·-·-·-·-·-)

C. 접었다 편 선 만들기

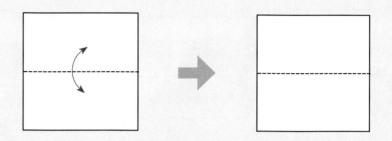

D. 뒤집기

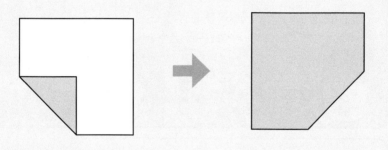

정답

1. 무우는 흰색 면을 위로 오게 하여 다음과 같은 순서로 접었습니다.

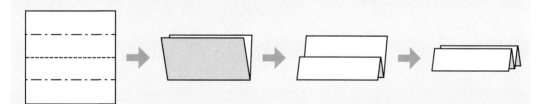

따라서 무우가 접은 것은 ②번 입니다.

2. 상상이는 색이 있는 면을 위로 오게 하여 다음과 같은 순서로 접었습니다.

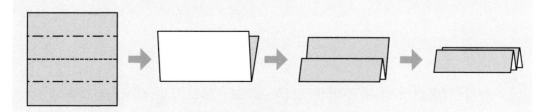

상상이가 접은 것은 한 번 뒤집으면 ①번과 같은 모양이 됩니다. 따라서 상상이가 접은 것은 ①번 입니다.

1. 색종이 접기

Step 1 정삼각형 모양의 색종이에 반으로 접었다 편 선을 그려보세요.

Step 2 **Step 1** 에서 만든 접었다 편 선을 이용해 하나의 작은 정삼각형을 그려보세요.

Step 3 정삼각형 모양의 색종이를 같은 크기의 정삼각형 네 개로 나누세요.

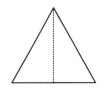

Step 1 반으로 접었다 편 선을 이용해 밑변의 중점을 찾을 수 있습니다.

Step 2 밑변의 중점에 맞추어 색종이의 윗부분을 접었다 폅니다.

Step 3 오른쪽 변과 왼쪽 변의 중점에 맞추어 색종이의 왼쪽, 오른쪽 부분을 접었다 폅니다.

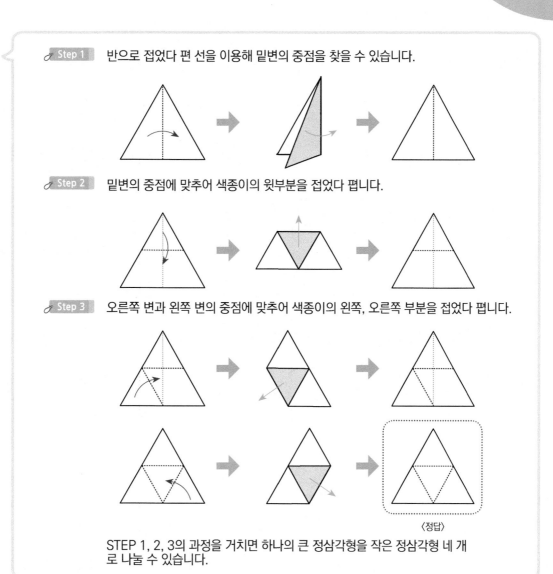

〈정답〉

STEP 1, 2, 3의 과정을 거치면 하나의 큰 정삼각형을 작은 정삼각형 네 개로 나눌 수 있습니다.

확인하기

정사각형 모양의 색종이를 접었다 편 선으로 같은 크기, 같은 모양의 네 개의 도형으로 나누는 방법을 2가지 이상 말하세요. (단, 보기의 예는 정답에서 제외합니다.)

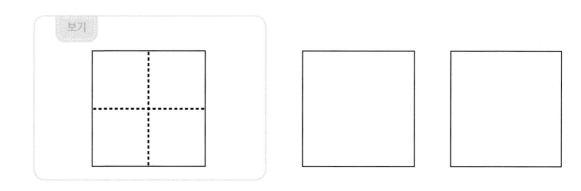

보기

2. 색종이 자르기

Step 1 ④를 접을 때와 반대 순서로 한 번만 펼쳤을 때의 모양을 그리세요.

Step 2 ④를 접을 때와 반대 순서로 두 번 모두 펼쳤을 때의 모양을 그리세요.

풀이

Step 1 색종이를 접어 자르고 펼쳤을 때의 모양을 찾기 위해서 접었을 때와 반대 순서로 펼치면서 자른
부분을 확인합니다.

Step 2 마지막으로 색종이를 색깔 있는 쪽으로 뒤집어 확인합니다.
무우가 색종이를 두 번 접고 자르면 다음과 같은 모양이 생깁니다.

〈정답〉

확인하기

〈보기〉와 같이 색종이를 두 번 접은 후 일정 부분을 잘라냈습니다. 일정 부분을 잘라내고 남은 종이를 펼쳤을 때 모양을 그리세요.

보기

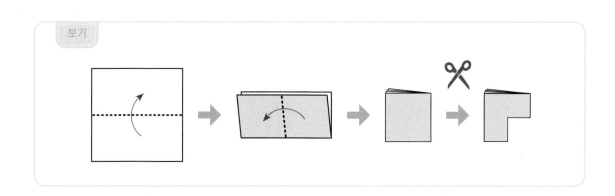

01 앞면은 흰색, 뒷면은 연두색인 정사각형 모양의 색종이를 아래와 같이 접을 때 나오는 모양을 그리세요.

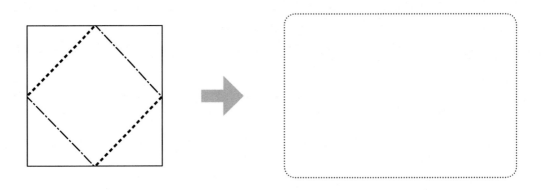

02 앞면은 흰색, 뒷면은 연두색인 삼각형 모양의 색종이를 〈보기〉와 같이 접으면 어떤 모양이 나올지 알맞은 모양을 찾으세요.

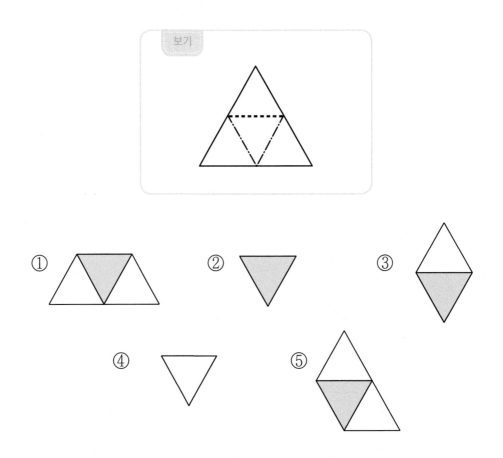

03 색종이를 두 번 접은 후 빨간 선에 따라 색종이를 자르려고 합니다. 하나의 색종이는 모두 몇 조각으로 나누어지는지 구하세요.

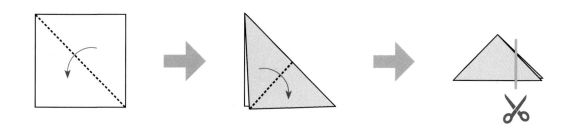

04 〈보기〉의 색종이를 한 번만 접어서 만들 수 있는 모양을 모두 고르세요.

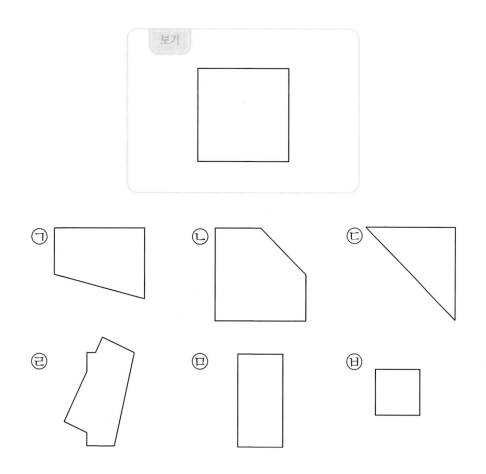

05 색종이를 두 번 접은 후 일정 부분을 잘라냈습니다. 남은 종이를 펼쳤을 때 모양을 그리세요.

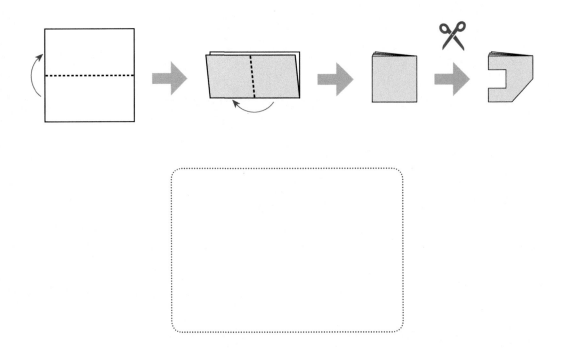

06 〈보기〉와 같이 숫자가 적힌 종이를 숫자가 적힌 면을 위로 오게 하여 아래와 같은 방법으로 접었을 때, 마지막에 보이는 면에 적힌 숫자들의 합은 얼마인지 구하세요.

보기

2	5	3	8
9	7	1	6
8	6	5	4
7	1	9	2

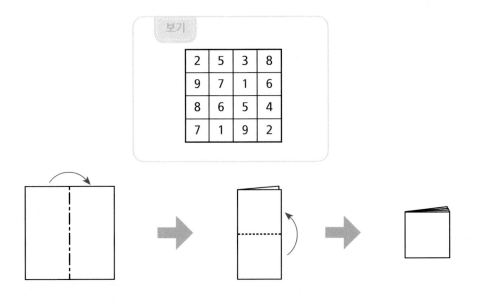

07 <보기>와 같이 정사각형 모양의 색종이를 두 번 접은 후 일정 부분을 잘라내고 펼쳤더니 오른쪽 그림과 같은 모양이 됐습니다. 왼쪽에 있는 두 번 접은 색종이를 어떻게 잘라내야 오른쪽 모양이 나올지 찾으세요.

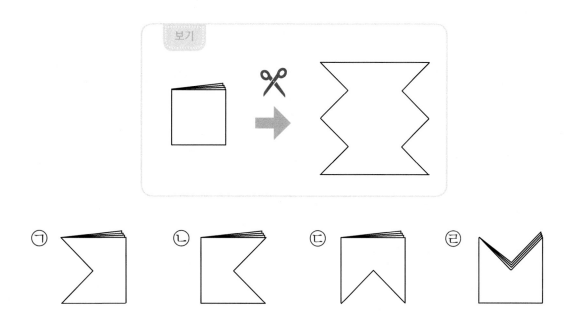

08 네 개의 숫자가 적혀있는 종이를 숫자 3이 위에 오도록 접은 다음 일정 부분을 잘라냈습니다. 남은 종이를 펼쳤을 때 모습을 그리세요.

1	2	3	4

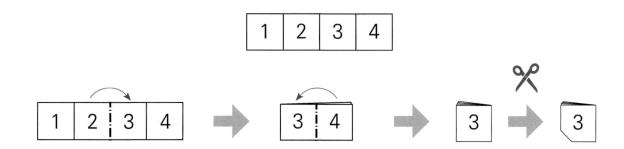

01 숫자가 적힌 색종이를 숫자가 적힌 면을 위로 오게 하여 접은 후 일정 부분을 잘라냈습니다. 잘라낸 부분에 적힌 수들의 합을 구하세요. (단, 색종이는 회전 없이 보기에 놓여 있는 상태 그대로 접고 잘라냅니다.)

7	4	2	1
1	8	5	3
4	2	9	6
6	5	3	0

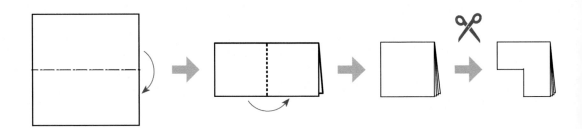

02 앞면은 흰색, 뒷면은 연두색인 정사각형 모양의 색종이를 〈보기〉와 같이 두 번 접는데 한 번 접고 하나의 구멍을 뚫고, 한 번 더 접은 뒤 두 개의 구멍을 뚫었습니다. 그 다음 색종이를 접은 순서와 반대로 다시 펼친다고 할 때, 구멍이 뚫린 위치는 어디일지 아래의 접었다 펼친 색종이 위에 모두 표시하세요.

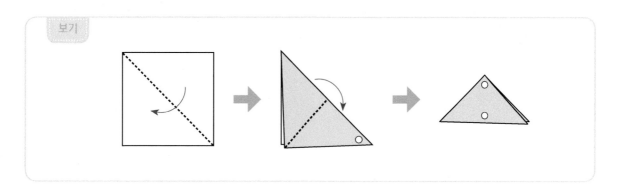

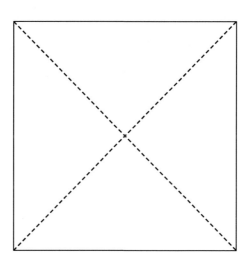

접었다 펼친 색종이

03 <보기>와 같은 모눈종이를 접은 후 검은색으로 색칠된 부분을 잘라낸 다음 색종이를 접은 순서와 반대로 다시 펼쳤습니다. 아래에 있는 모눈종이 그림에 잘린 부분은 어디일지 검은색으로 색칠하세요.

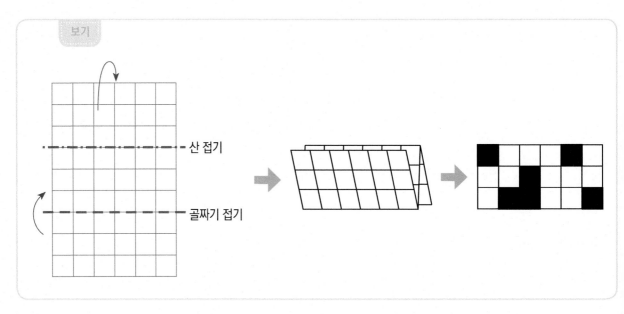

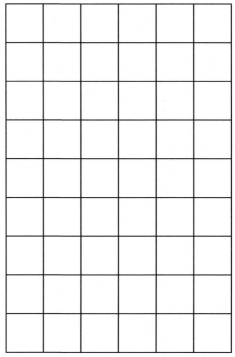

모눈종이 그림

04 〈보기〉와 같이 선이 여러 개 그어져 있는 투명한 색종이가 있습니다. 이 중 투명한 색종이를 접어서 만들 수 없는 모양은 어떤 것인지 찾으세요.

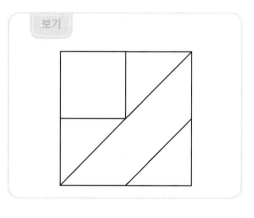

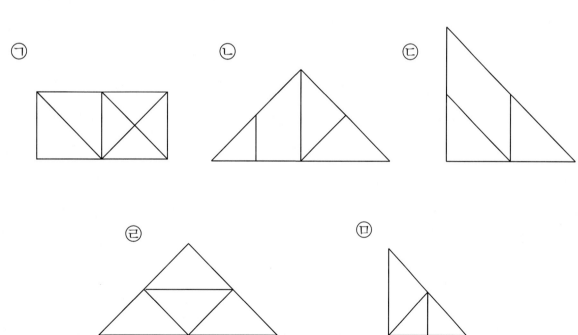

01 무우는 색종이 두 장을 이용해 예쁜 문양을 만들려고 합니다. 두 장의 색종이를 〈보기〉와 같이 접은 후 검은색으로 색칠된 부분만을 남기고 나머지 부분을 잘라 내려고 합니다. 남은 검은색 부분을 접은 순서와 반대로 펼쳤을 때의 모양을 각각 그리세요.

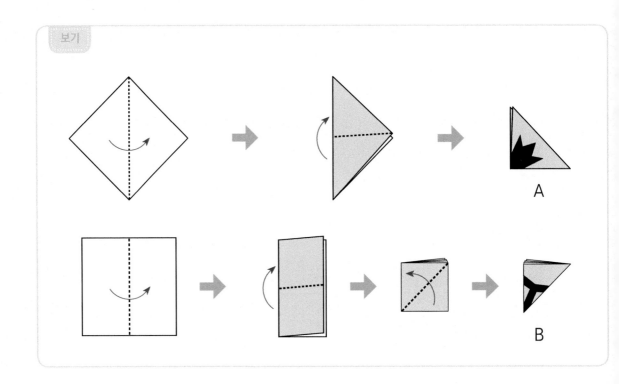

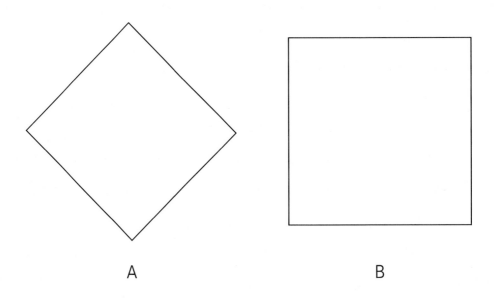

A   B

02
창의융합문제

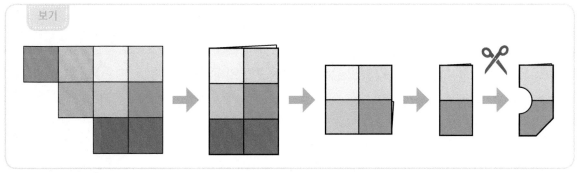

<보기>처럼 접고 잘랐을 때, 아래 종이 위에 잘린 부분들을 검은색으로 색칠하세요.

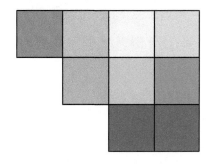

브라질에서 첫째 날 모든 문제 끝!
리우 데 자네이루로 이동하는 무우와 친구들에게 어떤 일이 일어날까요?

테트리스?

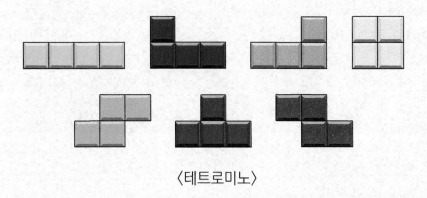

〈테트로미노〉

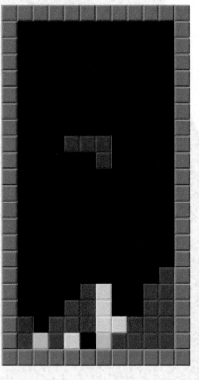

위의 그림들처럼 네 개의 사각형으로 이루어진 7개의 퍼즐 조각을 '테트로미노'라고 합니다.

테트리스는 이 7개의 테트로미노를 이용하는 게임입니다. 게임이 시작되면 7개의 테트로미노 중 하나가 무작위로 떨어지며 이 테트로미노를 움직이고 90도씩 회전해 빈틈없는 수평선을 만들면 그 선은 없어집니다. 이와 같은 방식으로 계속 게임을 진행하며 더 이상 테트로미노가 떨어질 틈이 없게 되면 게임은 종료됩니다.

〈테트리스 게임〉

2. 도형 붙이기

브라질
Brazil

브라질리아 ★

리우데자네이루

브라질 둘째 날 DAY2

무우와 친구들은 브라질에 도착한 둘째 날, <리우데자네이루>로 이동했어요. 무우와 친구들은 그곳에 있는 <슈거로프 산>, <메트로 폴리타나 성당>, <셀라론 계단>을 여행할 예정이에요. <슈거로프 산>에서 만난 수학 문제는 어떤 문제일까요?

궁금해요

오른쪽과 같은 다섯 종류의 타일이 여러 개씩 있습니다. 왼쪽의 빈 곳을 다섯 종류의 타일을 사용해 빈틈없이 채우려면 총 몇 개의 타일이 필요한지 구하세요.

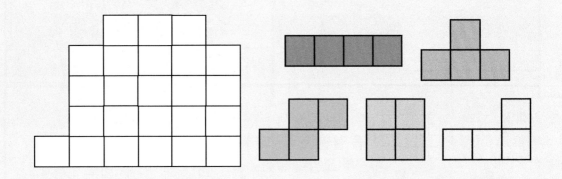

설명

다섯 개의 타일은 모두 4개의 정사각형으로 이루어져 있습니다. 우리는 이를 '테트로미노'라고 부릅니다.
정사각형 네 개를 붙여 만든 테트로미노는 총 5가지입니다.
테트리스 게임에서는 뒤집기 조작이 불가능하므로 뒤집어서 사용할 수 없습니다.

()

정답

빈 칸의 총 개수는 24개이고, 테트로미노 1개는 사각형 4개로 되어 있으므로 타일은 6개가 필요합니다.
6개의 타일을 이용해 아래와 같이 빈 곳을 채울 수 있습니다. 이외에도 여러 방법이 있습니다.

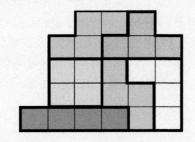
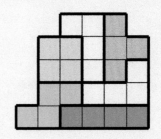

▶ 폴리폼 : 모양과 크기가 같은 도형을 이어 붙여서 만든 모양을 말합니다.
폴리폼은 대표적으로 폴리오미노와 폴리아몬드가 있습니다.

1. 폴리오미노 (Polyomino)

크기가 같은 정사각형을 붙여 만든 모양을 폴리오미노라고 합니다.

① 두 개의 정사각형을 붙여 만든 모양은 도미노(Domino)라고 합니다.

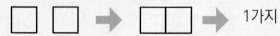

② 세 개의 정사각형을 붙여 만든 모양은 트리오미노(Triomino)라고 합니다.

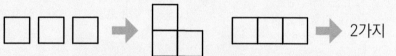

③ 이 외에도 네 개의 정사각형을 붙여 만든 모양은 테트로미노(Tetromino),
다섯 개의 정사각형을 붙여 만든 모양은 펜토미노(Pentomino) 라고 합니다.

2. 폴리아몬드 (Polyamond)

크기가 같은 정삼각형을 붙여 만든 모양을 폴리아몬드라고 합니다.

① 두 개의 정삼각형을 붙여 만든 모양은 다이아몬드(Diamond)라고 합니다.

② 세 개의 정삼각형을 붙여 만든 모양은 트리아몬드(Triamond)라고 합니다.

③ 이 외에도 네 개의 정삼각형을 붙여 만든 모양은 테트리아몬드(Tetriamond),
다섯 개의 정삼각형을 붙여 만든 모양은 펜티아몬드(Pentiamond)라고 합니다.

설명

1. 도형 붙이기를 할 때는 길이가 같은 변끼리 이어 붙입니다.

(O)   (X)

2. 돌리거나 뒤집었을 때 같은 모양은 한 가지로 봅니다.

3. 만들 수 있는 모양의 개수를 셀 때 내부에 생기는 선분은 생각하지 않습니다.

예)

1. 같은 도형 붙이기

4개의 정삼각형을 붙여 만들 수 있는 모양은 모두 몇 개일까요?
(단, 돌리거나 뒤집었을 때 같은 모양은 하나로 봅니다.)

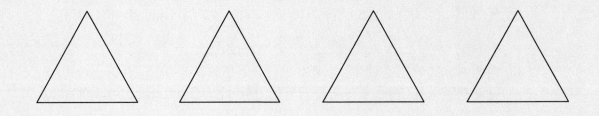

🖊 **Step 1**   3개의 정삼각형을 붙여 만들 수 있는 모양은 모두 몇 개인지 구하세요.

🖊 **Step 2**   🖊 **Step 1** 에서 구한 3개의 정삼각형을 붙여 만든 모양에 한 개의 정삼각형을 더 이어 붙여 몇 개의 서로 다른 모양을 만들 수 있을지 구하세요.

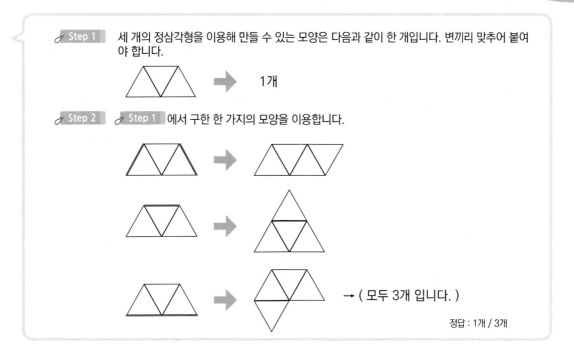

Step 1 세 개의 정삼각형을 이용해 만들 수 있는 모양은 다음과 같이 한 개입니다. 변끼리 맞추어 붙여야 합니다.

1개

Step 2 **Step 1** 에서 구한 한 가지의 모양을 이용합니다.

→ (모두 3개 입니다.)

정답 : 1개 / 3개

확인하기 1

아래와 같이 정사각형 세 개를 이어 붙여 만든 도형에 크기가 같은 하나의 정사각형을 더 붙여 만들 수 있는 모양은 모두 몇 개일까요? (단, 돌리거나 뒤집었을 때 같은 모양은 하나로 봅니다.)

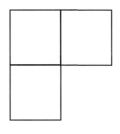

확인하기 2

아래와 같이 정삼각형 네 개를 이어 붙여 만든 도형에 크기가 같은 하나의 정삼각형을 더 붙여 만들 수 있는 모양은 모두 몇 개일까요? (단, 돌리거나 뒤집었을 때 같은 모양은 하나로 봅니다.)

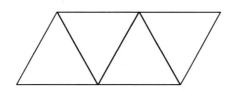

2. 여러 가지 도형 붙이기

세 개의 타일을 길이가 같은 변끼리 이어 붙여 만들 수 있는 모양은 모두 몇 개일까요? (단, 돌리거나 뒤집었을 때 같은 모양은 하나로 봅니다.)

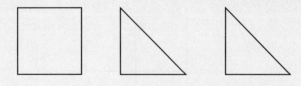

Step 1 세 개의 타일 중 서로 다른 두 개의 타일을 이어 붙여 만들 수 있는 모양은 모두 몇 개인지 구하세요.

Step 2 **Step 1** 에서 구한 두 개의 타일을 이어 붙여 만든 모양에 한 개의 타일을 더 이어 붙여 몇 개의 서로 다른 모양을 만들 수 있을지 구하세요.

Step 1 서로 다른 두 개의 타일을 이용해 만들 수 있는 모양은 한 개입니다.

Step 2 Step 1 에서 구한 모양을 이용합니다.

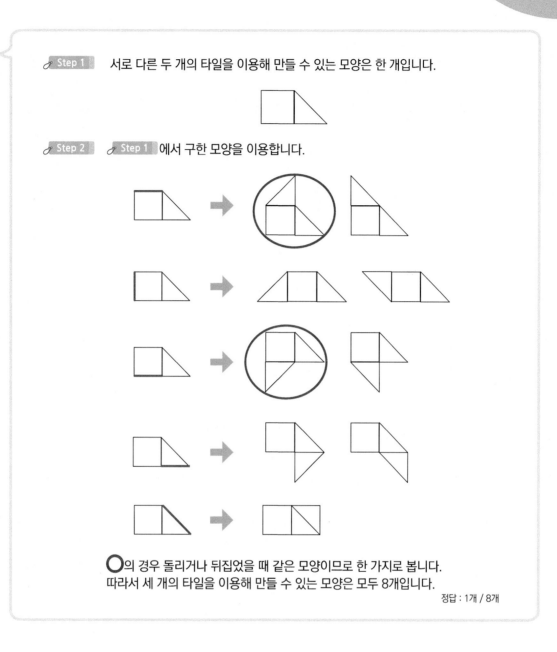

○의 경우 돌리거나 뒤집었을 때 같은 모양이므로 한 가지로 봅니다.
따라서 세 개의 타일을 이용해 만들 수 있는 모양은 모두 8개입니다.

정답 : 1개 / 8개

세 개의 도형을 길이가 같은 변끼리 이어 붙여 만들 수 있는 모든 모양의 개수를 구하세요. (단, 돌리거나 뒤집었을 때 같은 모양은 하나로 봅니다.)

01 <보기>와 같이 모양과 크기가 같은 세 개의 직각이등변삼각형이 있습니다. 이 세 개의 삼각형을 길이가 같은 변끼리 이어 붙여 만들 수 있는 모양을 모눈종이에 모두 그리세요. (단, 돌리거나 뒤집어서 같은 모양은 한 번만 그립니다.)

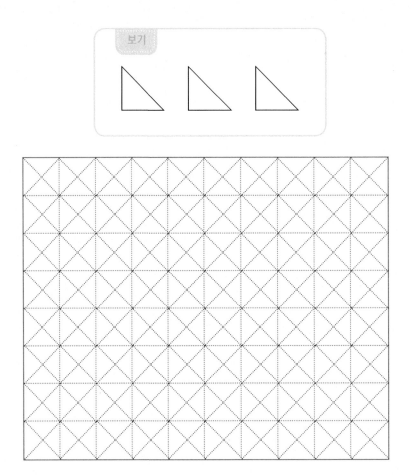

02 정삼각형 세 개를 이어 붙여 만든 도형 두 개가 있습니다. 이 두 개의 도형을 길이가 같은 변끼리 이어 붙여 만들 수 있는 모양은 모두 몇 개인지 구하세요. (단, 돌리거나 뒤집었을 때 같은 모양은 하나로 봅니다.)

03 크기가 같은 세 정육각형이 있습니다. 이 중 두 개에는 연두색이, 한 개에는 흰색이 색칠되어 있습니다. 이 세 개의 정육각형을 이어 붙여 만들 수 있는 도형은 모두 몇 개인지 구하세요. (단, 도형의 앞뒷면은 모두 같은 색으로 칠해져 있고, 색칠된 부분이 다른 도형은 서로 다른 도형으로 봅니다.)

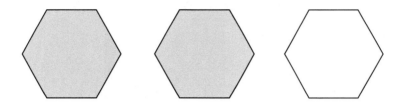

04 한 변의 길이가 같은 한 개의 정오각형과 두 개의 정사각형이 있습니다. 이 세 개의 도형을 이어 붙여 만들 수 있는 모양은 모두 몇 개인지 구하세요. (단, 돌리거나 뒤집었을 때 같은 모양은 하나로 봅니다.)

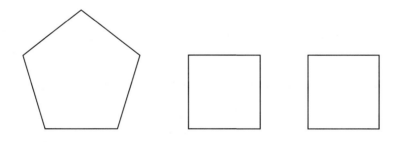

05 반으로 나뉘어 색칠된 두 개의 정사각형이 있습니다. 이 두 개의 도형을 이어 붙여 만들 수 있는 도형은 모두 몇 개인지 구하세요. (단, 도형의 앞뒷면은 모두 같은 색으로 칠해져 있고, 색칠된 부분이 다른 도형은 서로 다른 도형으로 봅니다.)

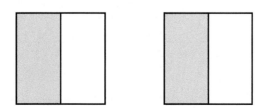

06 <보기>의 칠교 조각을 모두 사용하여 주어진 두 개의 그림에 선을 그어 칠교 조각 으로 채우세요. (단, 한 그림마다 7개의 칠교 조각을 한 번씩 모두 사용합니다.)

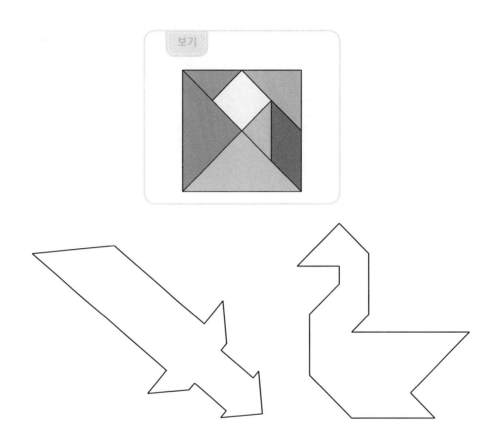

07 흰색과 연두색 정사각형 네 개를 이어 붙여 만든 도형이 있습니다. 이 도형에 크 기가 같은 흰색 정사각형을 하나를 더 붙여 만들 수 있는 도형은 모두 몇 개인지 구하세요. (단, 도형의 앞뒷면은 모두 같은 색으로 칠해져 있고, 색칠된 부분이 다 른 도형은 서로 다른 도형입니다.)

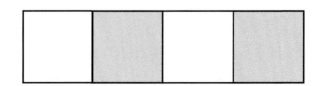

08 A, B, C, D가 한 번씩만 들어가도록 사각형을 모두 나누세요.

A	C	B	A	B	C	A
D	B	C	B	D	A	D
C	A	C	D	B	C	B
D	B	D	A	C	A	D

09 반으로 나뉘어 색칠된 한 개의 마름모와 마름모를 반으로 나눈 두 개의 정삼각형이 있습니다. 이 세 개의 도형을 이어 붙여 만들 수 있는 도형은 모두 몇 개인지 구하세요. (단, 도형의 앞뒷면은 모두 같은 색으로 칠해져 있고, 색칠된 부분이 다른 도형은 서로 다른 도형입니다.)

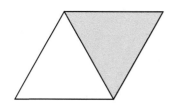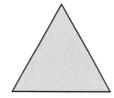

01 직각이등변삼각형 두 개를 붙여 만든 평행사변형 한 개와 직각이등변삼각형 두 개가 있습니다. 이 세 개의 도형을 길이가 같은 변끼리 이어 붙여 만들 수 있는 도형은 모두 몇 개인지 구하세요. (단, 세 도형은 자유롭게 돌리거나 뒤집어 사용할 수 있으며 돌리거나 뒤집었을 때 같은 모양은 하나로 봅니다.)

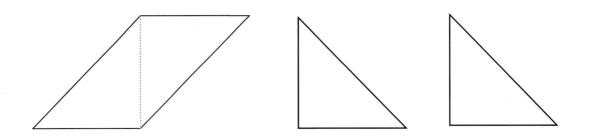

02 〈보기〉의 네 가지 도형을 이용하여 조건에 맞게 아래 그림을 채우세요.

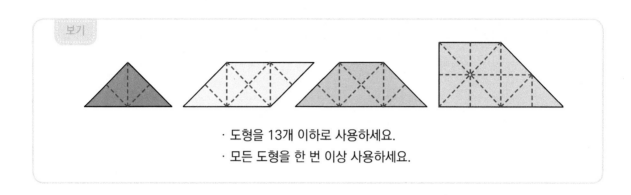

· 도형을 13개 이하로 사용하세요.
· 모든 도형을 한 번 이상 사용하세요.

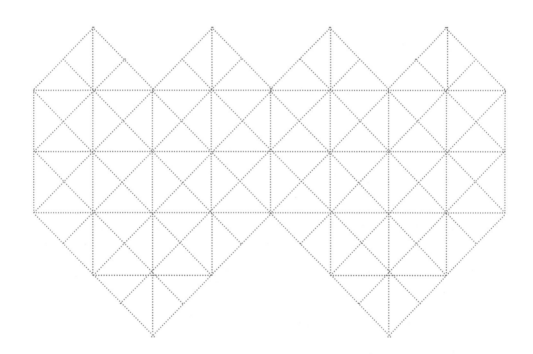

03 정사각형을 반으로 나눈 직각이등변삼각형 한 개와 정사각형 한 개, 이 두 개의 도형을 붙여 만든 사다리꼴 모양의 사각형이 한 개 있습니다. 이 세 개의 도형을 길이가 같은 변끼리 이어 붙여 만들 수 있는 새로운 모양의 개수는 몇 개인지 구하세요. (단, 세 도형은 자유롭게 돌리거나 뒤집어 사용할 수 있으며 돌리거나 뒤집었을 때 같은 모양은 하나로 봅니다.)

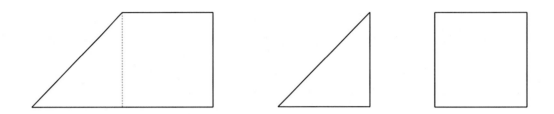

04 〈보기〉에는 정사각형을 여러 개씩 이어 붙여 만든 7개의 도형이 있습니다. 이 7개의 도형 중 6개를 이용해 아래 모눈종이를 채우려고 합니다. 이 중 쓰이지 않는 도형은 동그라미 표시하고 그 도형을 제외한 나머지 도형들로 아래 도형을 색칠하여 채우세요.

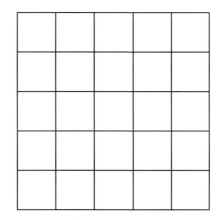

01 그림에는 폭탄이 숨겨져 있는 한 칸이 있습니다. 조건에 맞게 그림을 여러 개의 사각형으로 나눠 보고 폭탄이 숨겨져 있는 칸에 검게 색칠하세요.

4				3	
		2			
	2				4
2		3		3	
	4			2	

조건

① 각 칸에 쓰여있는 숫자는 그 칸을 포함하는 사각형이 몇 칸으로 이루어져 있는지를 말합니다.
② 그림을 조건에 맞게 나눈 후 남는 한 칸이 폭탄이 있는 곳입니다.

02
창의융합문제

<보기>에 주어진 펜토미노 조각들을 모두 한 번씩 사용해 고양이 그림을 채우세요.

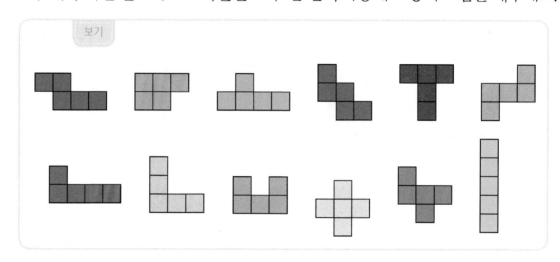

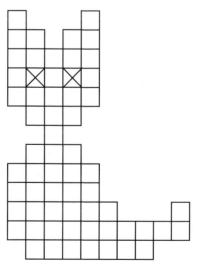

브라질에서 둘째 날 모든 문제 끝!
포스 두 이과수로 이동하는 무우와 친구들에게 어떤 일이 일어날까요?

지오 보드?

지오 보드란 나무판자 위에 일정한 간격으로 못을 박은 후 그 위에 고무줄을 걸어
여러 가지 도형을 만드는 것을 말합니다.

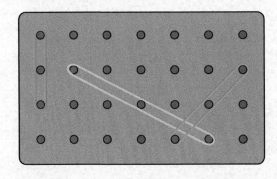

고무줄을 위와 같이 걸어 다양한 길이의 선분을 표현할 수 있습니다.
왼쪽 그림의 고무줄들은 똑같이 세 개의 못을 연결했지만, 길이가 모두 다릅니다.
이처럼 다양한 길이의 선분을 지오 보드 위에 표현할 수 있습니다.

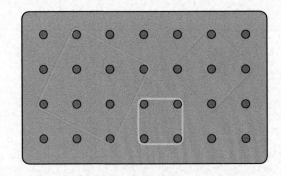

고무줄을 위와 같이 걸어 여러 가지 도형을 표현할 수 있습니다.
왼쪽 그림의 고무줄들은 똑같이 네 개의 못을 연결했지만, 넓이가 모두 다릅니다.
이처럼 다양한 넓이의 모양을 지오 보드 위에 표현할 수 있습니다.

3. 도형의 개수

브라질
Brazil

브라질리아 ★

★리우데자네이루

이과수 폭포 ★

브라질 셋째 날 DAY3

무우와 친구들은 브라질에 도착한 셋째 날, 파라나 주의 <이과수 폭포>에 도착했어요. 무우와 친구들이 <이과수 폭포>와 동굴을 탐험하며 발견하는 수학 문제들을 친구들과 함께 풀어볼까요?

1. 선분과 직선

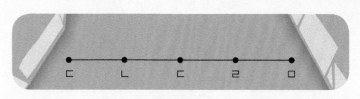

이 그림에서 찾을 수 있는 선분을 모두 찾고 그 개수만큼 구멍에 돌멩이를 던지면 비밀의 문이 나타납니다.

설명

1. 선분 : 두 점을 곧게 이은 선을 말합니다. 점 ㄱ과 점 ㄴ을 이은 선분을 선분 ㄱㄴ 또는 선분 ㄴㄱ이라고 합니다.

2. 직선 : 선분을 양쪽으로 끝없이 늘인 곧은 선을 말합니다. 점 ㄱ과 점 ㄴ을 지나는 직선을 직선 ㄱㄴ 또는 직선 ㄴㄱ이라고 합니다.

3. 선분과 직선의 개수 구하기

선분 : 선분 ㄱㄴ, 선분 ㄴㄷ, 선분 ㄱㄷ
→ 위 그림에서는 3개의 선분을 찾을 수 있습니다.

직선 : 직선 ㄱㄴ = 직선 ㄴㄷ = 직선 ㄱㄷ
→ 직선은 양쪽으로 끝없이 늘인 곧은 선이므로 위 그림에서는 단 한 개의 직선을 찾을 수 있습니다.

2. 도형의 개수

예시문제 아래의 그림에서 점을 이어 만들 수 있는 삼각형을 모두 구하세요.

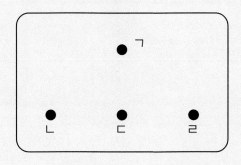

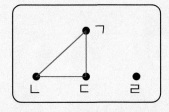 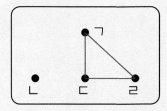 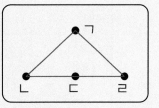

풀이 삼각형은 세 점이 한 직선 위에 있을 수 없으므로 점 ㄱ을 반드시 포함해야 합니다. 위 그림에서는 삼각형 ㄱㄴㄷ, 삼각형 ㄱㄷㄹ, 삼각형 ㄱㄴㄹ를 찾을 수 있습니다.

정답

선분은 점과 점 사이를 곧게 이은 선을 말합니다. 이웃하고 있는 점과 점 사이의 거리를 1이라 가정하고 선분의 길이에 따라 경우를 나누어 구합니다.

1. 선분의 길이가 1인 경우

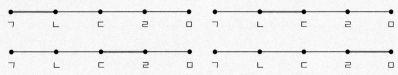

선분 ㄱㄴ, 선분 ㄴㄷ, 선분 ㄷㄹ, 선분 ㄹㅁ 총 네 개의 선분을 찾을 수 있습니다.

2. 선분의 길이가 2인 경우

선분 ㄱㄷ, 선분 ㄷㅁ, 선분 ㄴㄹ 총 세 개의 선분을 찾을 수 있습니다.

3. 선분의 길이가 3 이상인 경우

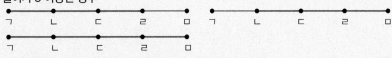

선분 ㄱㄹ, 선분 ㄴㅁ, 선분 ㄱㅁ 총 세 개의 선분을 찾을 수 있습니다.

따라서 그림에서 찾을 수 있는 선분의 개수는 총 4 + 3 + 3 = 10개입니다.

1. 점을 이어 만든 도형

그림에서 여러 개의 점을 이어 만들 수 있는 사각형의 개수는 모두 몇 개인지 구하세요.
그 값에 999를 더한 수가 상자의 비밀번호입니다.

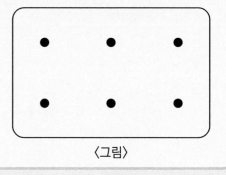

〈그림〉

Step 1 4개의 점을 이어서 만들 수 있는 사각형의 개수를 구하세요.

Step 2 5개 이상의 점을 이어서 만들 수 있는 사각형의 개수를 구하세요.

Step 3 그림에서 찾을 수 있는 사각형의 총 개수를 구하고 상자의 비밀번호를 맞히세요.

풀이

Step 1 4개의 점을 이어서 만들 수 있는 사각형은 4개입니다.

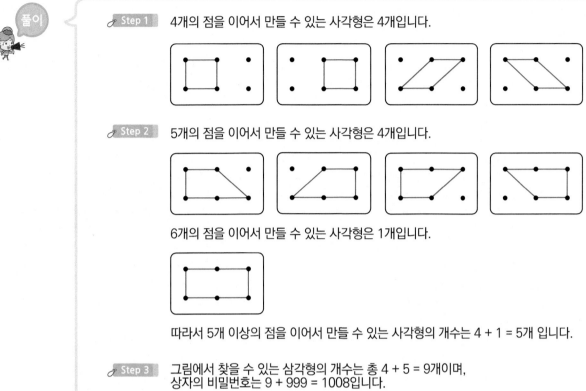

Step 2 5개의 점을 이어서 만들 수 있는 사각형은 4개입니다.

6개의 점을 이어서 만들 수 있는 사각형은 1개입니다.

따라서 5개 이상의 점을 이어서 만들 수 있는 사각형의 개수는 4 + 1 = 5개 입니다.

Step 3 그림에서 찾을 수 있는 삼각형의 개수는 총 4 + 5 = 9개이며,
상자의 비밀번호는 9 + 999 = 1008입니다.

정답 : 2개 / 5개 / 9개, 1008

확인하기

그림에서 여러 개의 점을 이어 만들 수 있는 삼각형의 개수는 모두 몇 개인 지 구하세요.

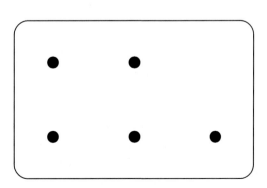

3 대표문제

4개의 칸으로 나누어진 창문이 하나 있습니다. 창문에서 찾을 수 있는 크고 작은 직사각형의 개수는 모두 몇 개인지 구하세요.

Step 1 한 개의 칸으로 이루어진 직사각형의 개수를 구하세요.

Step 2 두 개 이상의 칸으로 이루어진 직사각형의 개수를 구하세요.

Step 3 창문에서 찾을 수 있는 크고 작은 직사각형의 개수를 구해 아기곰이 낸 문제의 정답을 맞혀 보물을 받으세요.

Step 1   한 칸으로 이루어진 직사각형의 개수는 4개입니다.

Step 2   두 칸으로 이루어진 직사각형의 개수는 4개입니다.

세 칸으로는 직사각형을 만들 수 없고 네 칸으로 이루어진 직사각형의 개수는 1개입니다.

두 개 이상의 칸으로 이루어진 직사각형의 개수는 4 + 1 = 5개입니다.

Step 3   창문에서 찾을 수 있는 크고 작은 직사각형의 개수는 4 + 5 = 9개입니다.

정답 : 4개 / 5개 / 9개

 그림에서 찾을 수 있는 크고 작은 삼각형의 개수는 모두 몇 개인지 구하세요.

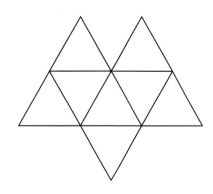

01   그림에서 두 개의 점을 이어 만들 수 있는 선분의 개수는 모두 몇 개인지 구하세요.

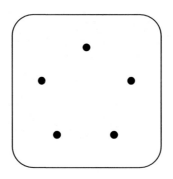

02   서로 간격이 일정한 8개의 점이 있습니다. 이 그림에서 여러 개의 점을 이어 만들 수 있는 서로 다른 모양의 삼각형 개수는 모두 몇 개인지 구하세요. (단, 돌리거나 뒤집었을 때 크기와 모양이 모두 같으면 하나로 봅니다.)

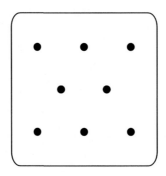

03   그림에서 찾을 수 있는 크고 작은 삼각형의 개수는 모두 몇 개인지 구하세요.

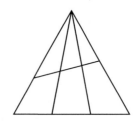

04 그림에서 찾을 수 있는 크고 작은 사각형의 개수는 모두 몇 개인지 구하세요.

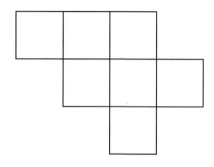

05 그림에서 찾을 수 있는 크고 작은 사각형의 개수는 모두 몇 개인지 구하세요.

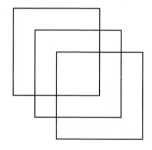

06 원 위에 일곱 개의 점이 찍혀 있는 도형이 있습니다. 이 도형의 일곱 개의 점 중 두 개의 점을 이어 만들 수 있는 선분의 개수는 모두 몇 개인지 구하세요.

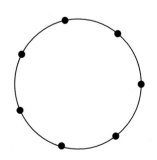

07   그림에서 찾을 수 있는 크고 작은 삼각형의 개수는 모두 몇 개인지 구하세요.

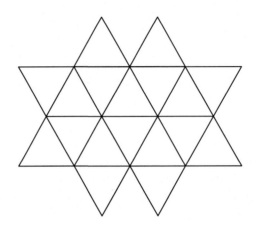

08   원의 중심과 원의 둘레에 일정한 간격으로 점이 찍힌 도형이 있습니다. 이 도형의 여섯 개의 점 중 세 개의 점을 이어 만들 수 있는 삼각형의 개수는 모두 몇 개인지 구하세요.

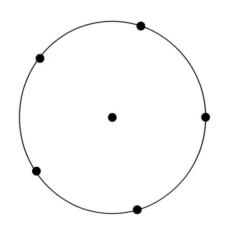

09 그림에서 찾을 수 있는 크고 작은 삼각형의 개수와 사각형의 개수는 각각 몇 개인지 구하세요.

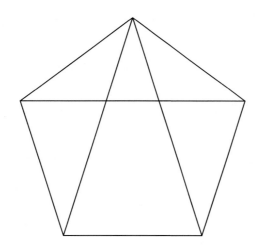

10 그림에서 ⭐ 모양을 포함하는 크고 작은 사각형의 개수는 모두 몇 개인지 구하세요.

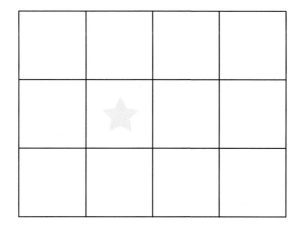

01 〈보기〉의 두 가지 그림을 보고 각 질문에 답하세요.

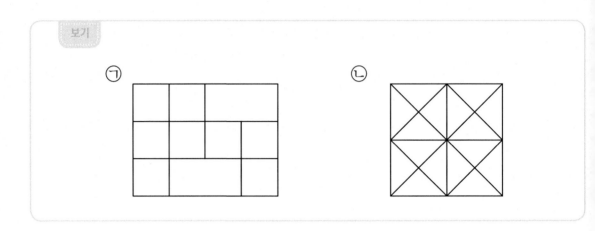

(1) ㉠ 그림에서 찾을 수 있는 크고 작은 사각형은 모두 몇 개일까요?

(2) ㉡ 그림에서 찾을 수 있는 크고 작은 삼각형의 개수는 모두 몇 개일까요?

초등 B 도형 (브라질편)

02 집 모양 그림에서 찾을 수 있는 크고 작은 삼각형의 개수와 사각형의 개수는 모두 몇 개인지 각각 구하세요.

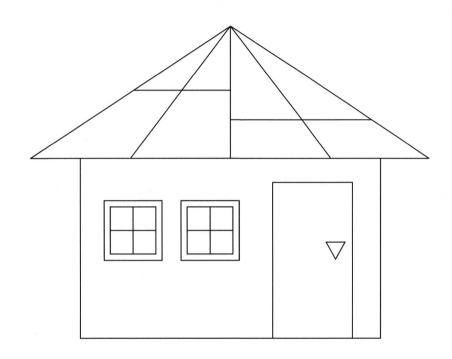

03 16개의 점이 일정한 간격으로 찍혀있는 그림이 있습니다. 이 그림에서 두 점을 이어서 만들 수 있는 길이가 서로 다른 선분의 개수는 모두 몇 개인지 구하세요. (단, 선분 위에 다른 점이 포함될 수 있으며, 선분의 길이가 같으면 하나로 봅니다.)

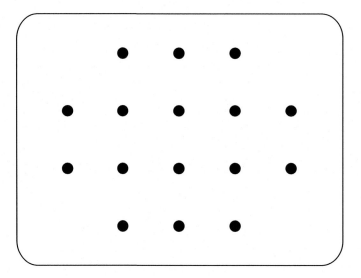

04 정사각형 25개로 이루어진 한 도형이 있습니다. 도형을 이루는 25개의 정사각형 중 한 개에는 폭탄이 놓여 있습니다. 도형에서 찾을 수 있는 크고 작은 사각형 중 폭탄을 포함하는 사각형의 개수는 모두 몇 개인지 구하세요.

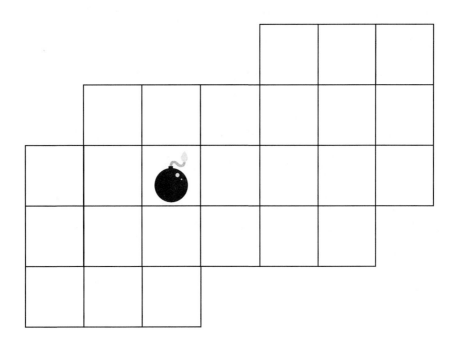

01 숫자가 적힌 16개의 점이 일정한 간격으로 찍혀있습니다. 이 중 세 개의 점을 이어 삼각형을 만든다고 할 때, 세 꼭짓점에 적힌 숫자의 합이 12가 되는 경우는 모두 몇 가지인지 구하세요. (단, 삼각형의 선분 위에 다른 점이 포함되어도 됩니다.)

```
        4       8
        ●       ●

  5     2       6       4
  ●     ●       ●       ●

  3     6       2       7
  ●     ●       ●       ●

        5       3
        ●       ●
```

보석을 정면에서 본 모양에서 찾을 수 있는 크고 작은 육각형의 개수는 모두 몇 개인지 구하세요. (단, 꼭짓점이 오목하게 되어 있는 도형은 찾지 않습니다.)

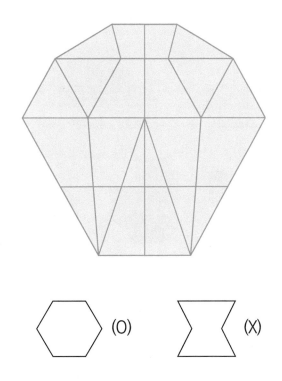

브라질에서 셋째 날 모든 문제 끝!
파라티로 이동하는 무우와 친구들에게 어떤 일이 일어날까요?

소마 큐브?

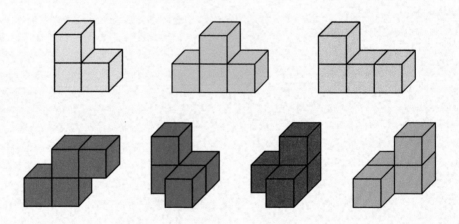

소마 큐브란 덴마크의 수학자 피트 헤인(Piet Hein)이 개발한 3차원 퍼즐입니다.
위 그림에 있는 7개의 입체 퍼즐을 이용해 정육면체 또는 특정한 모양을 만들어 내는
놀이를 말합니다. 7개의 입체 퍼즐을 이용해 정육면체를 만드는 방법의 가짓수는 돌리
거나 뒤집어서 같은 경우를 제외하고 현재 밝혀진 것만 240가지 방법이 있습니다.

4. 쌓기나무

브라질
Brazil

브라질리아 ★

이과수 폭포 ★

★ 리우데자네이루

파라티

✈

브라질 넷째 날 DAY4

무우와 친구들은 브라질에 도착한 넷째 날, 항구도시 <파라티>에 도착했어요. <파라티>의 항구, 시장, 가게에서 만나는 수학 문제들은 어떤 것이 있을까요?

한쪽 벽에 옮겨야 하는 상자가 잔뜩 쌓여 있습니다.
쌓여 있는 상자는 모두 몇 개일까요?

1. 쌓기나무의 개수

쌓기나무가 쌓인 모양을 보고 사용된 쌓기나무의 개수를 구할 수 있습니다.
각 줄에서 가장 위에 놓인 쌓기나무의 윗면에 그 줄에 사용된 쌓기나무의 개수를
적습니다. 그 다음 모든 줄에 사용된 개수를 더 하는 방식으로 구합니다.

예시문제 한쪽 벽면에 쌓기나무들이 쌓여 있습니다. 쌓기나무는 모두 몇 개 일까요?

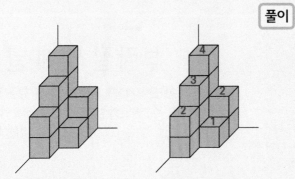

풀이 1. 맨 위에 놓인 쌓기나무
윗면에 사용된 쌓기나무의 개수를 적습니다.

2. 각 줄에 사용된 쌓기나무의 개수를 모두 더합니다.

$$1 + 2 + 2 + 3 + 4 = 12$$

위의 순서를 따라 답을 구하면 사용된 쌓기나무의 개수는 12개임을 알 수 있습니다.

2. 위 , 앞 , 옆에서 본 모양

쌓기나무가 쌓인 모습을 위, 앞, 옆에서 본 모양을 그릴 수 있습니다.

1. 가장 먼저 위에서 본 모양을 그리고 각 칸에 그 줄에 사용된 쌓기나무의 개수를 적습니다.

2. 앞, 옆에서 본 모양을 생각하여 그립니다.

예시문제 한쪽 벽면에 쌓기나무들이 쌓여 있습니다. 위 , 앞 , 오른쪽 옆에서 본 모양을 그리세요.

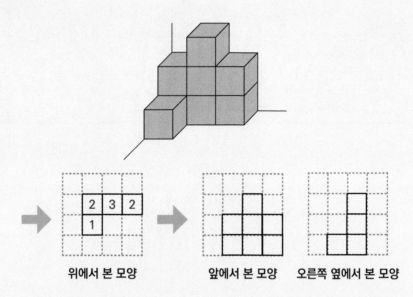

위에서 본 모양   앞에서 본 모양   오른쪽 옆에서 본 모양

풀이 위의 순서에 따라 위, 앞, 옆에서 본 모양을 모두 그릴 수 있습니다.

정답

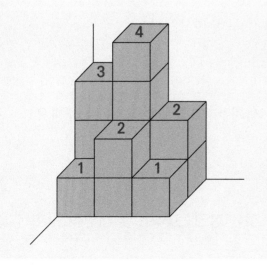

1. 맨 위에 놓인 상자 윗면에 쌓인 상자의 개수를 적습니다.

2. 각 줄에 쌓인 상자의 개수를 모두 더합니다.

1 + 2 + 1 + 3 + 4 + 2 = 13

위의 순서를 따라 답을 구하면 쌓여 있는 상자의 개수는 모두 13개입니다.

정답 : 13개

1. 쌓기나무의 개수

보이지 않는 상자는 모두 몇 개일까요?

Step 1 쌓여 있는 상자는 모두 몇 개인지 구하세요.

Step 2 쌓여 있는 상자 중 눈에 보이는 상자는 모두 몇 개인지 구하세요.

Step 3 쌓여 있는 상자 중 눈에 보이지 않는 상자는 모두 몇 개인지 구하세요.

Step 1

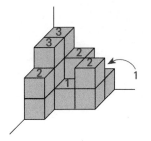

1.맨 위에 놓인 상자 윗면에 쌓인 상자의 개수를 적습니다.

2.각 줄에 쌓인 상자의 개수를 모두 더 합니다.

2 + 3 + 1 + 2 + 3 + 2 + 1 = 14

쌓여 있는 상자의 개수는 모두 14개입니다.

Step 2

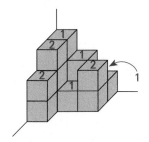

1.맨 위에 놓인 상자 윗면에 눈에 보이는 상자의 개수만을 적습니다.

2.눈에 보이는 상자의 개수를 모두 더 합니다.

2 + 2 + 1 + 2 + 1 + 1 + 1 = 10

눈에 보이는 상자의 개수는 모두 10개입니다.

Step 3 눈에 보이지 않는 상자의 개수는 쌓여 있는 상자 전체의 개수에서 눈에 보이는 상자의 개수를 빼는 방식으로 구합니다.
따라서 눈에 보이지 않는 상자의 개수는 14 − 10 = 4개입니다.

정답 : 14개 / 10개 / 4개

 확인하기

한쪽 벽에 쌓인 쌓기나무들이 있습니다. 이 중 눈에 보이지 않는 쌓기나무의 개수는 모두 몇 개인지 구하세요.

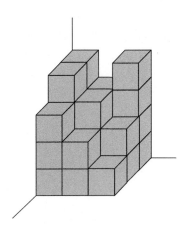

2. 위, 앞, 옆에서 본 모양

무우가 10개의 쌓기나무를 이용해 만든 모양입니다. 이 모양을 위, 앞, 오른쪽 옆에서 본 모양을 그리세요.

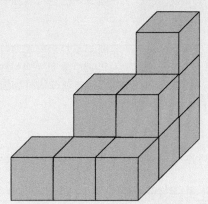

Step 1 아래 모눈종이에 위에서 본 모양을 그리고 각 칸에 그 줄에 사용된 쌓기나무의 개수를 적으세요.

Step 2 아래 모눈종이에 앞에서 본 모양, 오른쪽 옆에서 본 모양을 그리세요.

Step 1   위에서 본 모양을 그리고 각 줄에 사용된 쌓기나무의 개수를 적습니다.

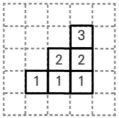

Step 2   쌓기나무의 개수에 맞게 앞, 오른쪽 옆에서 본 모양을 그립니다.

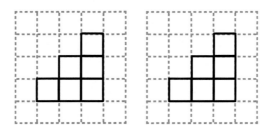

무우가 쌓은 쌓기나무는 위, 앞, 옆에서 봤을 때 모양이 모두 같습니다.

정답 : 풀이 과정 참조 / 풀이 과정 참조

확인하기

14개의 쌓기나무를 이용해 만든 입체도형이 있습니다. 이 모양을 위, 앞, 오른쪽 옆에서 본 모양을 오른쪽 모눈종이에 각각 그리세요.

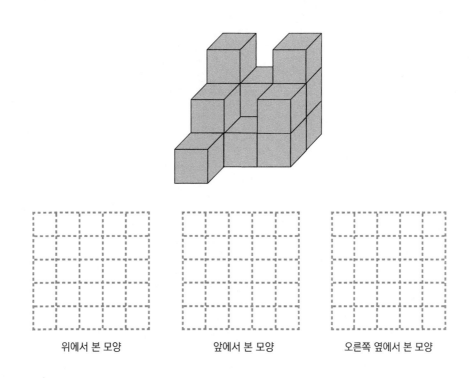

위에서 본 모양   앞에서 본 모양   오른쪽 옆에서 본 모양

01 한쪽 벽에 쌓인 쌓기나무들이 있습니다. 이 중 보이지 않는 쌓기나무의 개수는 모두 몇 개인지 구하세요.

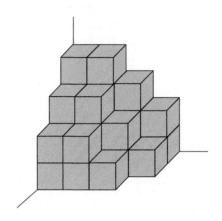

02 19개의 쌓기나무를 이용해 만든 입체도형이 있습니다. 이 모양을 위, 앞, 오른쪽 옆에서 본 모양을 모눈종이에 각각 그리세요.

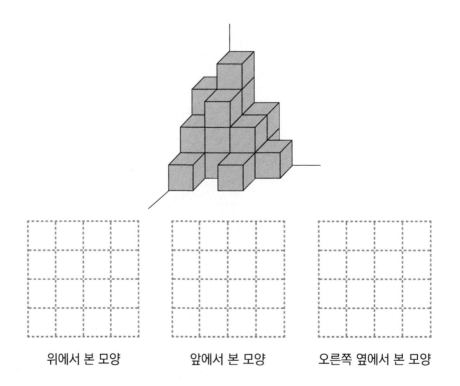

위에서 본 모양   앞에서 본 모양   오른쪽 옆에서 본 모양

03 왼쪽에는 한쪽 벽에 쌓인 쌓기나무들이 있습니다. 여기에 몇 개의 쌓기나무들을 더 쌓아 오른쪽 그림과 같이 만들려고 합니다. 추가로 더 필요한 쌓기나무는 모두 몇 개일지 구하세요.

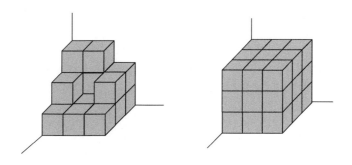

04 쌓기나무를 쌓아서 만든 입체도형을 위, 앞, 오른쪽 옆에서 본 모양을 보고 이 입체도형을 만들기 위해서 총 몇 개의 쌓기나무가 필요한지 구하세요.

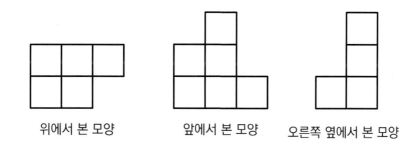

위에서 본 모양　　　앞에서 본 모양　　　오른쪽 옆에서 본 모양

05 무우는 6개의 쌓기나무를 이용해 입체도형을 만들려고 합니다. 위에서 본 모양이 아래와 같은 모양이 되게 하려 할 때, 무우가 만들 수 있는 입체도형은 모두 몇 가지인지 구하세요.

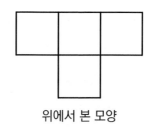

위에서 본 모양

06 7개의 쌓기나무를 이용해 만든 입체도형이 있습니다. 이 입체도형의 바닥 면을 제외한 모든 면을 색칠한다고 할 때, 색칠되는 쌓기나무의 면은 모두 몇 개인지 구하세요. (단, 쌓기나무 한 개는 6개의 면으로 이루어져 있습니다.)

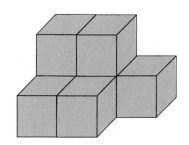

07 <보기>에는 쌓기나무로 만든 두 개의 입체도형이 있습니다. 이 두 개의 입체도형을 이어 붙여 새로운 입체도형을 만든다고 할 때, 만들 수 없는 입체도형을 고르세요. (단, 두 개의 입체도형을 돌리거나 뒤집어서 이용할 수 있습니다.)

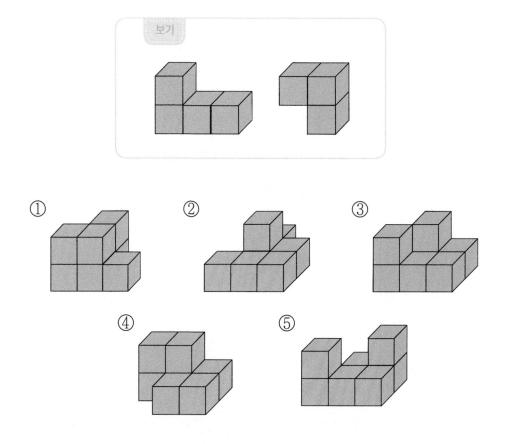

08 쌓기나무를 아래와 같은 규칙으로 쌓을 때, 네 번째로 쌓을 쌓기나무의 개수를 구하세요.

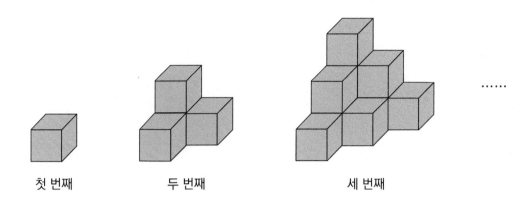

첫 번째   두 번째   세 번째

09 쌓기나무를 위, 앞, 오른쪽 옆에서 본 모양을 나타냈습니다. 이 세 가지 모양을 만족시키도록 쌓기나무를 쌓는다고 할 때, 쌓기나무를 가장 많이 쌓았을 때와 가장 적게 쌓았을 때 사용된 쌓기나무 개수의 차를 구하세요.

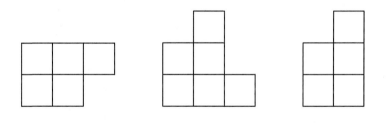

위에서 본 모양   앞에서 본 모양   오른쪽 옆에서 본 모양

01 64개의 나무 상자들이 쌓여 있습니다. 갈색으로 보이는 다섯 개의 면은 나무가 썩어 그 줄에 해당하는 상자를 반대편까지 모두 제거하려고 합니다. 썩은 상자를 모두 제거하고 남은 상자의 개수는 몇 개인지 구하세요.

02 <보기>는 쌓기나무를 쌓아 만든 한 입체도형을 위, 앞에서 봤을 때의 모양을 나타낸 것입니다. 이 입체도형을 오른쪽 옆에서 봤을 때 모양으로 가능한 그림을 4가지 그리세요.

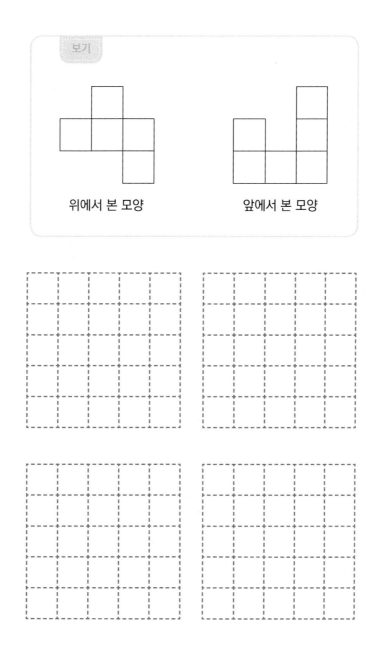

03 쌓기나무를 위, 앞, 오른쪽 옆에서 본 모양을 나타낸 것입니다. 이 세 가지 모양을 만족시키도록 쌓기나무를 쌓는다고 할 때, 쌓기나무를 가장 많이 쌓았을 경우와 가장 적게 쌓았을 경우 사용된 쌓기나무의 총 개수를 각각 구하세요.

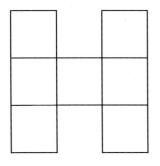

위에서 본 모양

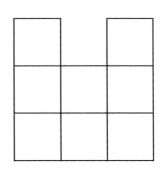

앞에서 본 모양

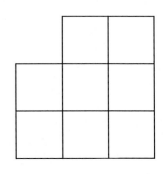

오른쪽 옆에서 본 모양

04 소마 큐브 7조각이 있습니다. <보기>는 소마큐브를 이용해 만든 입체도형과 쓰인 조각입니다. 아래 각 입체도형을 만드는 데 쓰인 조각은 어떤 것인지 가능한 경우를 3가지 이상씩 찾으세요.

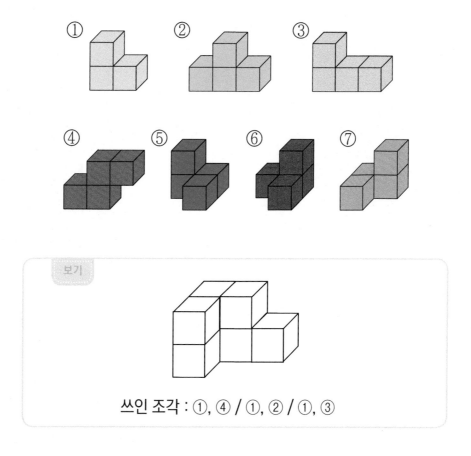

쓰인 조각 : ①, ④ / ①, ② / ①, ③

(1)

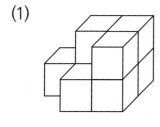

쓰인 조각 :

(2)

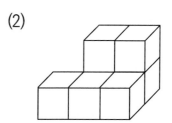

쓰인 조각 :

01 서로 다른 색의 쌓기나무로 만든 두 개의 입체도형이 있습니다. 이 두 개의 입체도형을 여러 개씩 사용해 새로운 입체도형을 만들려고 합니다. 오른쪽과 같은 입체도형을 만들기 위해서 두 개의 도형이 각각 몇 개씩 필요한지 구하세요. (단, 두 개의 입체도형을 돌리거나 뒤집어서 이용할 수 있습니다.)

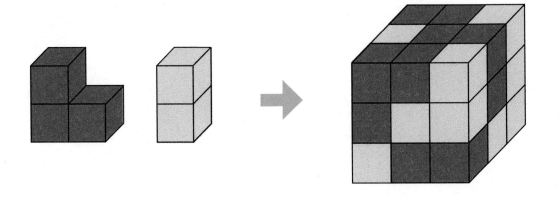

02
창의융합문제

무우와 친구들은 겉면에 크림이 묻은 빵을 아래와 같이 27등분해 넷이서 나누어 먹으려고 합니다. 무우는 세 면에 크림이 묻은 조각을, 상상이는 두 면에 크림이 묻은 조각을, 알알이는 한 면에 크림이 묻은 조각을 먹고 제이는 크림이 묻지 않은 조각을 먹기로 했습니다. 친구들이 빵을 각각 몇 조각씩 먹게 될지 구하세요.

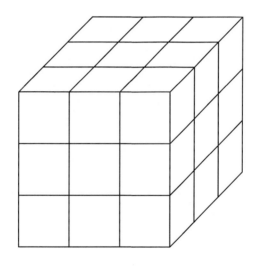

브라질에서 넷째 날 모든 문제 끝!
보니또로 이동하는 무우와 친구들에게 어떤 일이 일어날까요?

여러 가지 주사위

우리가 주변에서 흔히 볼 수 있는 주사위는 6개의 면에 1부터 6까지 연속하는 숫자가 적힌 6면체 주사위입니다. 이외에도 면이 4개, 8개, 10개 등인 다양한 종류의 주사위가 있습니다.

① 주사위에 적힌 숫자들은 일정한 규칙을 가집니다. 예를 들어 6면체 주사위의 서로 마주 보는 면에 있는 숫자들의 합은 항상 7입니다.

② 주사위는 모든 면이 모양과 크기가 같은 도형으로 이루어져 있어야만 합니다. 예를 들어 6면체 주사위는 모든 면이 크기가 같은 정사각형으로 이루어져 있습니다.

5. 주사위

브라질
Brazil

보니토
★ 브라질리아
이과수 폭포 ★
★ 리우데자네이루
★ 파라티

✈

브라질 다섯째 날 DAY5

무우와 친구들은 브라질에 도착한 다섯째 날, <보니토>에 도착했어
요. 보니토에 있는 <수쿠리 강>, <블루 레이크 동굴>, <사로브라 강>
을 여행할 예정이에요. 자, 그럼 먼저 <수쿠리 강>에서 만난
수학 문제를 친구들과 함께 풀어볼까요?

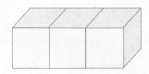

세 개의 주사위를 이어 붙여 위와 같은 입체도형을 만들려고 합니다. 바닥 면을 포함한 겉면에 새겨진 모든 눈의 합이 가장 클 때와 작을 때의 차이를 구하세요.

1. 주사위의 칠점 원리

우리가 일반적으로 사용하는 주사위는 1부터 6까지 연속하는 숫자가 6개 면에 새겨져 있습니다. 주사위에 새겨진 숫자들은 일정한 규칙을 가지고 있는데 주사위의 마주 보는 면에 있는 숫자들의 합은 항상 7이 된다는 것입니다.

예시

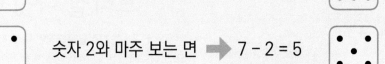

·	숫자 1과 마주 보는 면 ➡ 7 − 1 = 6	⠿
⠂	숫자 2와 마주 보는 면 ➡ 7 − 2 = 5	⠿
⠆	숫자 3과 마주 보는 면 ➡ 7 − 3 = 4	⠿

2. 주사위 눈의 합

한 개의 주사위에 새겨져 있는 모든 눈의 합은 1 + 2 + 3 + 4 + 5 + 6 = 21입니다. 이를 이용해 여러 개의 주사위가 붙어 있는 경우에도 눈의 합을 구할 수 있습니다.

예시문제 두 개의 주사위를 이어 붙여 만든 입체도형이 있습니다. 이 입체도형의 바닥 면을 포함한 겉면에 새겨진 모든 눈의 합이 가장 클 때와 가장 작을 때의 값은 얼마일까요?

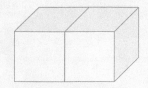

풀이 한 개의 주사위에 새겨져 있는 모든 눈의 합이 21이므로 주사위 두 개에 새겨져 있는 모든 눈의 합은 21 × 2 = 42입니다. 하지만 주사위 두 개가 맞닿는 면에 새겨진 숫자는 겉면이 아니므로 빼줘야 합니다.

1. 가장 클 때의 값 → 맞닿은 두 면이 모두 1인 경우입니다.
   42 − (1 + 1) = 40

2. 가장 작을 때의 값 → 맞닿은 두 면이 모두 6인 경우입니다.
   42 − (6 + 6) = 30

정답

1. 주사위 한 개에 새겨져 있는 모든 눈의 합은 1 + 2 + 3 + 4 + 5 + 6 = 21입니다.
   그러므로 주사위 세 개에 새겨져 있는 모든 눈의 합은 21 × 3 = 63입니다.

2. 주사위 세 개가 맞닿은 면에 새겨진 숫자는 겉면이 아니므로 빼줘야 합니다.
   주사위 세 개가 두 개씩 서로 맞닿아 있으므로 맞닿은 면의 개수는 총 4개입니다.

3. 가운데에 위치한 주사위는 마주 보는 두 면이 모두 다른 주사위와 맞닿아 있으므로 어떤 경우든 눈의 합이
   반드시 7입니다. 이에 주의해 가장 클 때와 작을 때로 경우를 나누어 각각 구합니다.

   ① 가장 클 때의 값 → 양 끝 주사위의 맞닿은 두 면이 모두 1인 경우입니다.
      63 − (1 + 7 + 1) = 54

   ② 가장 작을 때의 값 → 양 끝 주사위의 맞닿은 두 면이 모두 6인 경우입니다.
      63 − (6 + 7 + 6) = 44

4. 겉면에 새겨진 모든 눈의 합이 가장 클 때는 54, 가장 작을 때는 44입니다.
   따라서 눈의 합이 가장 클 때와 가장 작을 때의 차이는 54 − 44 = 10입니다.

정답 : 10

1. 주사위의 칠점 원리

네 개의 주사위를 위와 같이 겹쳐 놓았습니다.
바닥 면에 새겨진 눈의 합은 얼마일까요?

Step 1 네 주사위의 윗면을 보고 각 주사위의 바닥 면에는 어떤 숫자가 있을지 구하세요.

Step 2 네 주사위의 바닥 면에 새겨진 눈의 합을 구하세요.

Step 1 주사위의 마주 보는 두 면의 합이 7인 것을 이용해 풀이합니다.

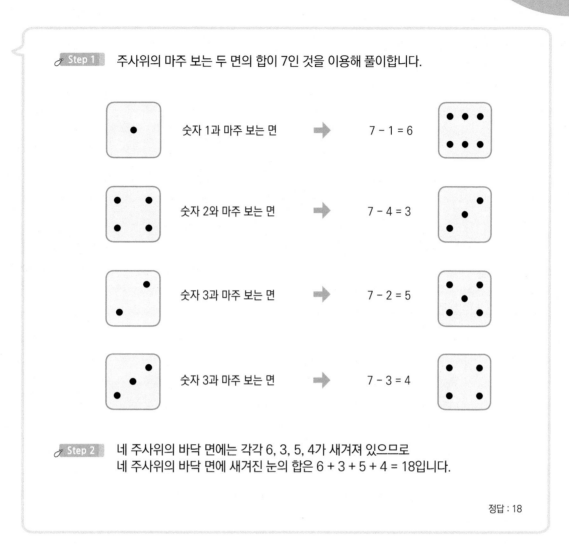

	숫자 1과 마주 보는 면	→	7 - 1 = 6	
	숫자 2와 마주 보는 면	→	7 - 4 = 3	
	숫자 3과 마주 보는 면	→	7 - 2 = 5	
	숫자 3과 마주 보는 면	→	7 - 3 = 4	

Step 2 네 주사위의 바닥 면에는 각각 6, 3, 5, 4가 새겨져 있으므로
네 주사위의 바닥 면에 새겨진 눈의 합은 6 + 3 + 5 + 4 = 18입니다.

정답 : 18

네 개의 주사위를 서로 맞닿는 두 면의 눈의 합이 8이 되도록 겹쳐 놓았습니다. 맨 왼쪽에 있는 면의 눈의 수는 얼마인지 구하세요.

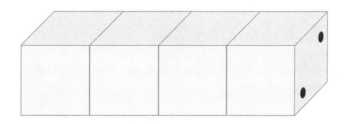

2. 주사위 눈의 합

다섯 개의 주사위를 쌓아서 위와 같은 입체도형을 만들었습니다. 바닥 면을 포함한 겉면에 새겨진 모든 눈의 합이 가장 클 때의 값을 구하세요.

Step 1 다섯 개의 주사위의 새겨진 모든 눈의 합은 얼마인지 구하세요.

Step 2 각 주사위를 A, B, C, D, E라고 했을 때, 각 주사위가 다른 주사위와 맞닿는 면의 개수는 몇 개일까요?

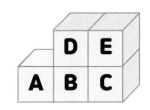

Step 3 다섯 개의 주사위를 이어 붙여 만든 입체도형의 겉면에 새겨진 모든 눈의 합이 가장 클 때의 값을 구하세요.

Step 1 한 개의 주사위에 새겨져 있는 모든 눈의 합은 1 + 2 + 3 + 4 + 5 + 6 = 21입니다.
그러므로 다섯 개의 주사위에 새겨져 있는 모든 눈의 합은 21 × 5 = 105입니다.

Step 2 각 주사위가 다른 주사위와 맞닿는 면의 개수는 아래와 같이 셀 수 있습니다.

주사위	A	B	C	D	E
다른 주사위와 맞닿은 면의 개수	1	3	2	2	2

Step 3 겉면에 새겨진 모든 눈의 합이 가장 크기 위해서 맞닿은 면들의 눈의 합이 가장 작아야 합니다. 주사위별로 다른 주사위와 맞닿은 면들의 눈의 합이 가장 작도록 아래 표를 채웁니다. B 주사위의 경우 마주 보는 두 면이 모두 다른 주사위와 맞닿아 있으므로 어떤 경우든 눈의 합에 7을 포함합니다.

주사위	A	B	C	D	E
다른 주사위와 맞닿은 눈의 합	1	7+1=8	1+2=3	1+2=3	1+2=3

따라서 주사위끼리 맞닿은 면들의 눈의 합이 가장 작은 경우는 1 + 8 + 3 + 3 + 3 = 18입니다. 다섯 개의 주사위에 새겨져 있는 모든 눈의 합이 105이므로 겉면이 아닌 맞닿은 면들에 새겨진 눈의 합을 빼주면 답은 105 – 18 = 87입니다.

정답 : 87

네 개의 주사위를 이어 붙여 그림과 같은 입체도형을 만들었습니다. 바닥 면을 포함한 겉면에 새겨진 모든 눈의 합이 가장 작을 때의 값을 구하세요.

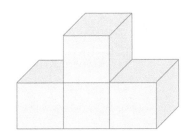

01 전개도를 접어 마주 보는 두 면의 눈의 합이 7인 주사위를 만들려고 합니다. 눈이 그려져 있지 않은 빈칸에 알맞은 눈을 그려 넣어 전개도를 완성하세요.

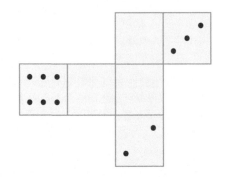

02 네 개의 주사위를 겹쳐 놓았습니다. 이 주사위의 윗면에 새겨진 눈의 합이 가장 클 때와 작을 때의 값을 각각 구하세요.

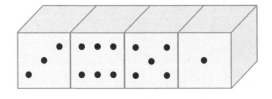

03 여섯 개의 주사위를 서로 맞닿는 두 주사위의 눈의 수가 같도록 쌓았습니다. 서로 맞닿은 모든 면에 새겨진 눈의 합을 구하세요.

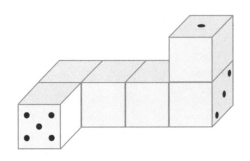

04 다섯 개의 주사위를 이어 붙여 입체도형을 만들었습니다. 바닥 면을 포함한 겉 면에 새겨진 모든 눈의 합이 가장 클 때의 값을 구하세요.

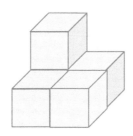

05 세 개의 주사위를 서로 맞닿는 두 면의 눈의 합이 8이 되도록 쌓았습니다. 서로 맞닿은 모든 면에 새겨진 눈의 곱을 구하세요.

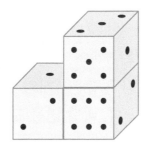

06 전개도를 접어 마주 보는 두 면의 눈의 합이 7인 주사위를 만들려고 합니다. 회색 으로 칠해진 칸에 알맞은 눈의 수를 구하세요.

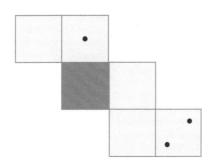

07 다섯 개의 전개도 중 접어서 마주 보는 눈의 합이 7인 주사위를 만들 수 있는 알맞은 전개도를 고르세요.

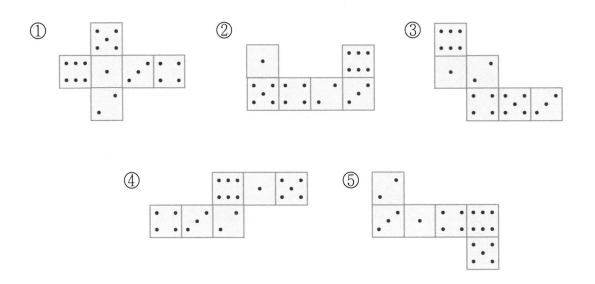

08 5부터 10까지 연속하는 6개의 자연수를 마주 보는 두 면의 눈의 합이 15가 되도록 각 면에 하나씩 새긴 똑같은 4개의 주사위가 있습니다. 이 4개의 주사위를 아래와 같이 겹쳐 놓았을 때, 바닥 면을 포함한 겉면에 새겨진 모든 눈의 합이 가장 작을 때의 값을 구하세요.

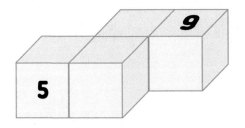

09 마주 보는 두 면의 눈의 합이 7이 되도록 각 면에 눈을 새긴 주사위가 있습니다. 이 주사위를 아래와 같이 세 면이 한 번에 보이도록 여러 방향에서 볼 때, 보이는 세 면의 눈의 합으로 가능한 수들을 모두 구하세요.

10 왼쪽의 주사위와 똑같은 주사위 세 개를 오른쪽과 같이 겹쳐 놓았습니다. 바닥 면을 포함한 겉면에 새겨진 모든 눈의 합은 얼마인지 구하세요.

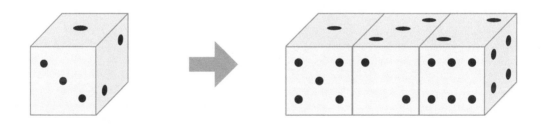

01 주사위 한 개와 게임판이 있습니다. 주사위를 화살표 방향으로 한 칸씩 굴려서 회색 지점까지 움직였을 때, 주사위 윗면의 눈의 수는 얼마인지 구하세요.

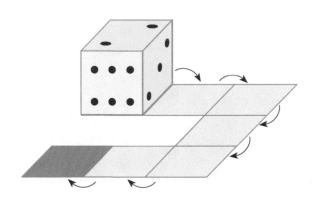

02 여덟 개의 주사위를 쌓아 입체도형을 만들었습니다. 바닥 면을 포함한 겉면에 새겨진 모든 눈의 합이 가장 클 때와 작을 때의 값을 각각 구하세요.

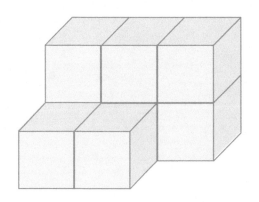

03 왼쪽의 전개도를 접어 오른쪽과 같은 모양의 주사위를 만들려고 합니다. 전개도의 빈칸에 알맞은 눈을 그려 전개도를 완성하세요.

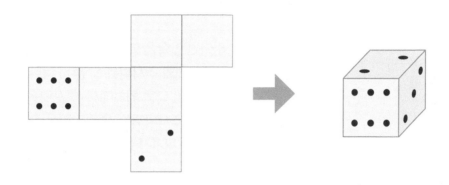

04 〈보기〉와 같이 마주 보는 두 면의 눈의 합이 7이 되도록 각 면에 눈을 새긴 주사위가 있습니다. 이 주사위를 뒤쪽으로 20번 굴린 다음 왼쪽으로 17번 굴렸을 때, 윗면에 오게 되는 눈의 모양을 눈의 수와 방향에 유의해 아래 빈칸에 그리세요.

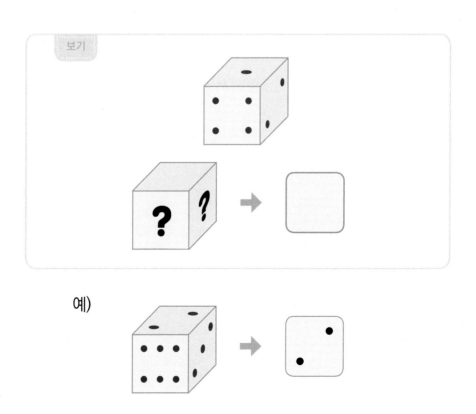

01 무우는 아래와 똑같은 〈주사위〉 다섯 개를 쌓아 어떤 모양을 만들었습니다. 그 다음 상상, 알알, 제이를 불러 서로 다른 위치에서 본 모양을 각각 그리도록 한 후 셋을 한 데 모아 퀴즈를 냈습니다. 과연 무우가 낸 퀴즈의 정답은 무엇일까요?

바닥과 맞닿은 면에는 6이 오지 않도록 5개의 주사위를 쌓았어. 너희들이 서로 다른 위치에서 본 모양을 가지고 주사위끼리 서로 맞닿은 모든 면에 새겨진 눈의 합을 맞춰봐!

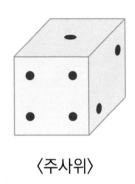

〈주사위〉

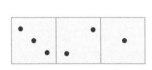

위에서 본 모양 (상상)

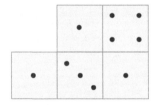

앞에서 본 모양 (알알)

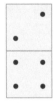

오른쪽 옆에서 본 모양 (제이)

02
창의융합문제

동굴 안에서 짓궂은 꼬마를 만난 무우와 친구들은 퀴즈를 맞춰야만 동굴을 나갈 수 있게 되었습니다. 과연, 무우와 친구들은 퀴즈의 정답을 맞히고 동굴에서 무사히 빠져나올 수 있을까요?

퀴즈

주사위를 던져서 윗면에 1이 나오면 20, 윗면에 4가 나오면 17이라고 할 때, 윗면에 3이 나왔을 때 알맞은 수는 얼마일까?

브라질에서 다섯째 날 모든 문제 끝!
친구들과 함께한 브라질에서의 수학여행을 마친 소감은 어떤가요?

영재들의 수학여행

무한상상

창 의 영 재 수 학

아이앤아이

정답 및 풀이

초급
초등 3~5학년
B
도형
브라질편

무한상상

아이앤아이

창·의·력·수·학 / 과·학

영재학교·과학고	영재교육원·영재성검사	과학대회 준비
아이앤아이 물리학 (상,하)	**아이앤아이 영재들의 수학여행** 수학 32권 (5단계)	**아이앤아이 꾸러미 과학대회** 초등 – 각종 대회, 과학 논술/서술
아이앤아이 화학 (상,하)	**아이앤아이 꾸러미 48제 모의고사** 수학 3권, 과학 3권	**아이앤아이 꾸러미 과학대회** 중고등 – 각종 대회, 과학 논술/서술
아이앤아이 생명과학 (상,하)	**아이앤아이 꾸러미 120제** 수학 3권, 과학 3권	
아이앤아이 지구과학 (상,하)	**아이앤아이 꾸러미 시리즈 (전4권)** 수학, 과학 영재교육원 대비 종합서	
	아이앤아이 초등과학 시리즈 (전4권) 과학 (초 3,4,5,6) – 창의적문제해결력	

무한상상

Imagine Infinite!

창의영재수학

아이앤아이

정답 및 풀이

초급 초등 3~5학년 **B** 도형 브라질편

1. 색종이 접어 자르기

대표문제 1 확인하기 ·········· P. 13

[정답] 풀이 과정 참조

〈풀이 과정〉

1)

이외에도 여러 가지 방법이 있을 수 있습니다.

대표문제 2 확인하기 ·········· P. 15

[정답] 풀이 과정 참조

〈풀이 과정〉

1) 접었을 때와 반대 순서로 펼치면서 자른 부분을 확인합니다.

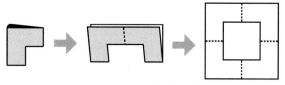

2) 색종이를 색깔 있는 쪽으로 뒤집어 확인합니다.

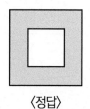

〈정답〉

연습문제 01 ·········· P. 16

[정답] 풀이 과정 참조

〈풀이 과정〉

1) ------- 은 골짜기 접기, -·-·-·- 은 산접기 입니다.

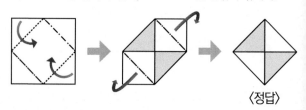

〈정답〉

연습문제 02 ·········· P. 16

[정답] ②

[풀이 과정]

1) ------- 은 골짜기 접기, -·-·-·- 은 산접기 입니다.

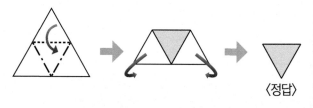

〈정답〉

연습문제 03 ·········· P. 17

[정답] 3조각

[풀이 과정]

1) 접었을 때와 반대 순서로 펼친 후 자른 부분을 빨간색 선으로 표시합니다.

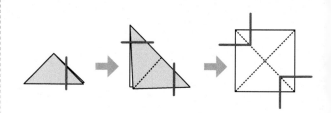

2) 위와 같이 자를 때, 색종이는 모두 3조각으로 나누어집니다.

[정답] ㉡, ㉢, ㉣, ㉤

〈풀이 과정〉

1) ㉡, ㉢, ㉣, ㉤의 경우 색종이를 한 번만 접어서 만들 수 있습니다.

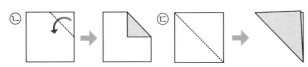

2) ㉠, ㉥의 경우 색종이를 한 번만 접어서 만들 수 없습니다.

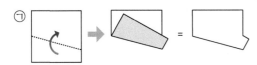

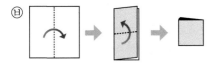

㉥의 경우 색종이를 한 번만 접어서는 만들 수 없고, 두 번 접으면 만들 수 있습니다.

[정답] 풀이 과정 참조

〈풀이 과정〉

1) 접었을 때와 반대 순서로 펼치면서 자른 부분을 확인합니다.

2) 색종이를 색깔 있는 쪽으로 뒤집어 확인합니다.

〈정답〉

[정답] 풀이 과정 참조

〈풀이 과정〉

1)

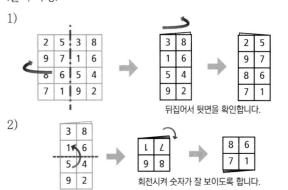

뒤집어서 뒷면을 확인합니다.

2)

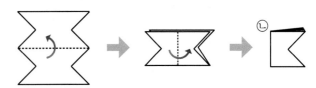

회전시켜 숫자가 잘 보이도록 합니다.

3) 따라서 마지막에 보이는 면에 적힌 숫자들의 합은 $8+6+7+1=22$입니다.

[정답] ㉡

〈풀이 과정〉

1) 잘려져 있는 색종이를 원래 상태대로 접어 어떤 부분이 잘려나갔는지 확인합니다.

2) 두 번 접은 색종이 위에 잘려나간 부분을 검은색으로 색칠하면 ㉡과 같습니다.

㉡

〈정답〉

[정답] 풀이 과정 참조

[풀이 과정]

1) ·—·—· 은 산접기입니다. 접었을 때와 반대 순서로 펼친 후 자른 부분을 확인합니다.

〈정답〉

심화문제 01 .... P. 20

[정답] 14

〈풀이 과정〉

1) ─·─·─· (산접기)와 ------- (골짜기 접기)에 유의하여, 접었을 때와 반대 순서로 펼치면서 잘려 나간 부분이 어딘지 확인합니다.

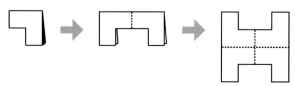

2) 아래 그림과 같이 회색으로 칠한 부분이 잘려 나간 것을 알 수 있습니다.

7	4	2	1
1	8	5	3
4	2	9	6
6	5	3	0

따라서 잘라낸 부분에 적힌 수들의 합은 4 + 2 + 5 + 3 = 14입니다.

심화문제 02 .... P. 21

[정답] 풀이 과정 참조

〈풀이 과정〉

1) 접었을 때와 반대 순서로 펼치면서 구멍이 뚫린 위치를 확인합니다. 새로 뚫는 구멍은 빨간색의 선으로, 원래 뚫려 있던 구멍은 검은색의 선으로 표시합니다.

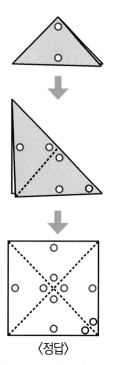

〈정답〉

심화문제 03 .... P. 22

[정답] 풀이 과정 참조

〈풀이 과정〉

1) 잘린 종이를 골짜기 접기, 산 접기 순서로 다시 펼치면서 잘린 부분을 확인합니다.

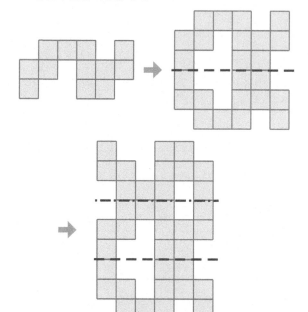

2) 모눈종이 그림 위에 잘린 부분을 검은색으로 색칠합니다.

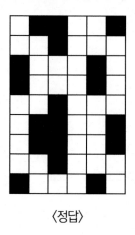

〈정답〉

[정답] ㉢

〈풀이 과정〉

1) 투명한 색종이를 어떻게 접어야지만 각각의 모양이 나올 수 있을지 확인합니다.

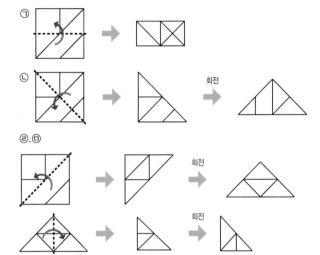

2) ㉠, ㉡, ㉣, ㉤은 만들 수 있지만 ㉢은 만들 수 없습니다. (정답)

[정답] 풀이 과정 참조

〈풀이 과정〉

1) 검은색 부분을 접었을 때와 반대 순서로 펼치면서 모양을 확인합니다.

A.

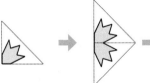

〈정답〉

B.

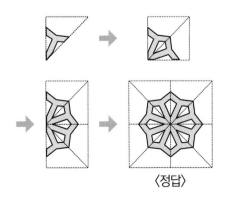

〈정답〉

[정답] 풀이 과정 참조

〈풀이 과정〉

1) 접었을 때와 반대 순서로 펼치면서 잘린 부분을 확인합니다.

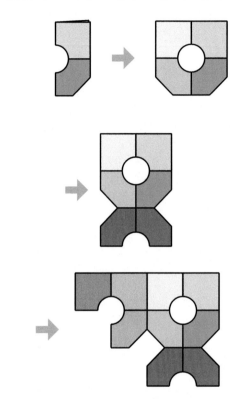

2) 종이 위에 잘린 부분들을 검은색으로 색칠합니다.

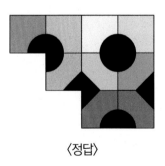

〈정답〉

2. 도형 붙이기

대표문제 1 확인하기 1 ·················· P. 31

[정답] 4개

〈풀이 과정〉

빨간색 선분에 하나의 정사각형을 더 붙여 모든 경우를 구합니다. 한 도형 위 여러 개의 빨간색 선분은 돌리거나 뒤집었을 때 같아지는 위치를 나타냅니다.

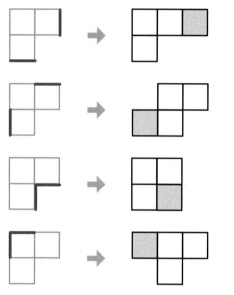

대표문제 1 확인하기 2 ·················· P. 31

[정답] 3개

〈풀이 과정〉

빨간색 선분에 하나의 정삼각형을 더 붙여 모든 경우를 구합니다. 한 도형 위 여러 개의 빨간색 선분은 돌리거나 뒤집었을 때 같아지는 위치를 나타냅니다.

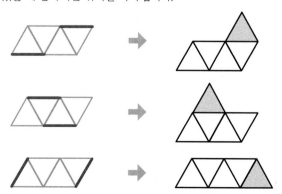

대표문제 2 확인하기 ·················· P. 33

[정답] 4개

〈풀이 과정〉

1) 먼저 서로 다른 두 개의 도형을 이용해 만들 수 있는 모양을 생각해봅니다.

2) ①에서 구한 모양을 이용합니다. 빨간색 선분에 하나의 정사각형을 더 붙여 모든 경우를 구합니다.

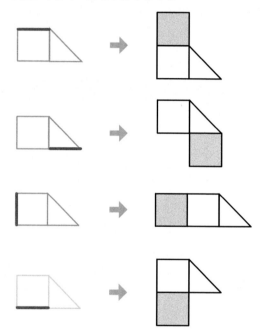

연습문제 01 ·················· P. 34

[정답] 풀이 과정 참조

〈풀이 과정〉

1) 먼저 두 개의 도형을 이용해 만들 수 있는 모양을 생각해 봅니다.

2) 1)에서 구한 두 가지의 모양을 이용합니다. 빨간색 선분에 하나의 삼각형을 더 붙여 모든 경우를 구합니다. 한 도형 위 여러 개의 빨간색 선분은 돌리거나 뒤집었을 때 같아지는 위치를 나타냅니다.

ⅰ.

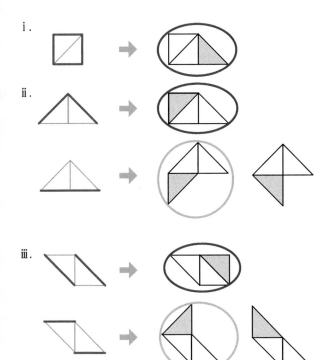

ⅱ.

ⅲ.

○, ○ 의 경우 돌리거나 뒤집었을 때 같은 모양이므로 한 가지로 봅니다. 따라서 세 개의 도형을 이용해 만들 수 있는 모양은 모두 4가지입니다.

연습문제　**02** ⋯⋯⋯⋯⋯⋯⋯⋯⋯⋯⋯⋯⋯ P. 34

[정답] 5개

〈풀이 과정〉

세 가지 경우로 나누어 생각합니다.

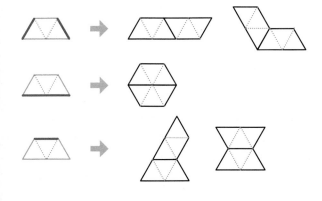

연습문제　**03** ⋯⋯⋯⋯⋯⋯⋯⋯⋯⋯⋯⋯⋯ P. 35

[정답] 5개

〈풀이 과정〉

1) 먼저 색칠되어 있지 않은 세 개의 정육각형으로 만들 수 있는 모양의 개수를 구합니다.

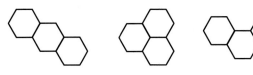

2) 두 개의 정육각형에는 연두색이 색칠되어 있어야 하므로 1) 에서 구한 세 가지 모양에 서로 다르게 연두색을 색칠하는 방법은 몇 가지인지 생각합니다.

ⅰ.

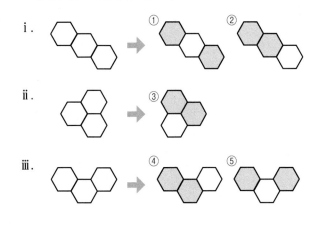

ⅱ.

ⅲ.

연습문제　**04** ⋯⋯⋯⋯⋯⋯⋯⋯⋯⋯⋯⋯⋯ P. 35

[정답] 4개

〈풀이 과정〉

1) 서로 다른 두 개의 도형을 이용해 만들 수 있는 모양을 생각해봅니다.

2) ①에서 구한 모양을 이용합니다. 빨간색 선분에 하나의 정사각형을 더 붙여 모든 경우를 구합니다. 한 도형 위 여러 개의 빨간색 선분은 돌리거나 뒤집었을 때 같아지는 위치를 나타냅니다.

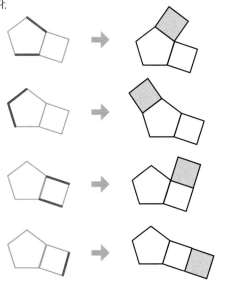

연습문제 **05** ········· P. 35

[정답] 7개

〈풀이 과정〉

돌리거나 뒤집더라도 서로 다른 도형의 조합을 찾습니다.

① 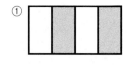　②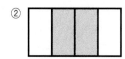

③ 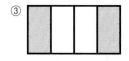　④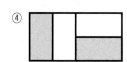

⑤ 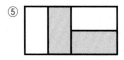　⑥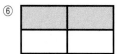

⑦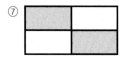

연습문제 **06** ········· P. 36

[정답] 풀이 과정 참조

〈풀이 과정〉

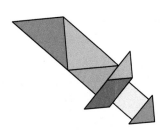

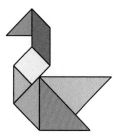

이외에도 여러 가지 방법이 있을 수 있습니다.

연습문제 **07** ········· P. 36

[정답] 6개

〈풀이 과정〉

돌리거나 뒤집더라도 다른 도형의 조합을 찾습니다.

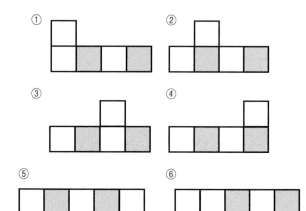

연습문제 **08** ········· P. 37

[정답] 풀이 과정 참조

〈풀이 과정〉

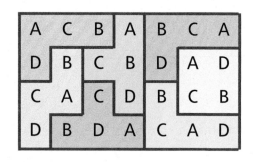

이외에도 여러 가지 방법이 있을 수 있습니다.

[정답] 10개

<풀이 과정>

1) 마름모 하나와 정삼각형 하나를 이용해 만들 수 있는 도형을 생각해봅니다. 아래와 같이 4가지가 있습니다.

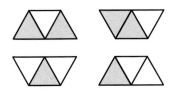

2) 1)에서 구한 모양을 이용합니다. 빨간색 선분에 하나의 정삼각형을 더 붙여 모든 경우를 구합니다. 한 도형 위여러 개의 빨간색 선분은 돌리거나 뒤집었을 때 같아지는 위치를 나타냅니다.

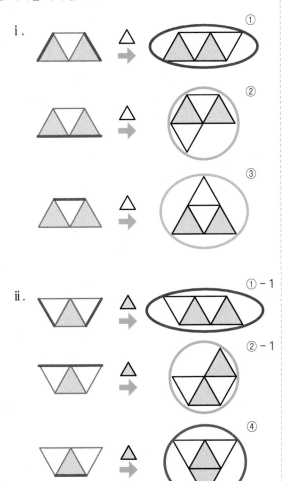

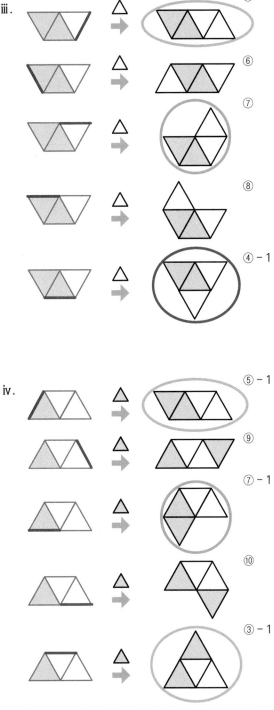

같은 색으로 동그란 표시된 도형들의 경우 돌리거나 뒤집었을 때가 같으므로 한 가지로 봅니다. 따라서 세 개의 도형을 이용해 만들 수 있는 모양은 ① ~ ⑩ 까지 모두 10개입니다.

심화문제 **01** .... P. 38

[정답] 13개

〈풀이 과정〉

1) 서로 다른 두 개의 도형을 이용해 만들 수 있는 모양을 생각해봅니다.

2) 1)에서 구한 세 개의 모양을 이용합니다. 빨간색 선분에 하나의 삼각형을 더 붙여 모든 경우를 구합니다. 한 도형 위 여러 개의 빨간색 선분은 돌리거나 뒤집었을 때 같아지는 위치를 나타냅니다.

i.

  ① ②

  ③ ④

  ⑤

  ⑥ ⑦

  ⑧ ⑨

ii.

 ⑩ ⑪

  ⑫

  ⑬

iii.

 ⑭ ⑮

 ⑯

 ⑰

 ⑱ ⑲

 ⑳

이 중 돌리거나 뒤집었을 때를 포함하여 같은 모양은 각각 ③⑫ , ④⑧⑯ , ⑥⑬⑳ , ⑦⑰ , ⑩⑭ 입니다.

따라서 세 개의 도형을 이용해 만들 수 있는 모양은 ①, ②, ③, ④, ⑤, ⑥, ⑦, ⑨, ⑩, ⑪, ⑮, ⑱, ⑲로 모두 13개 입니다.

심화문제 **02** .... P. 39

[정답] 풀이 과정 참조

〈풀이 과정〉

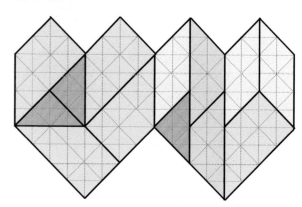

이외에도 여러 가지 방법이 있을 수 있습니다.

[정답] 32개

〈풀이 과정〉

1) 두 개의 도형을 이용해 만들 수 있는 모양들 중 나머지 한 도형을 이어 붙일 수 있는 모양들을 찾습니다.

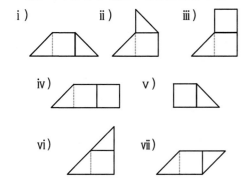

ⅰ)　　　ⅱ)　　　ⅲ)

ⅳ)　　　ⅴ)

ⅵ)　　　ⅶ)

2) 1)에서 구한 7가지의 모양을 이용합니다. 빨간색 선분에 하나의 도형을 더 붙여 모든 경우를 구합니다. 한 도형 위 여러 개의 빨간색 선분은 돌리거나 뒤집었을 때 같아지는 위치를 나타냅니다.

ⅰ.

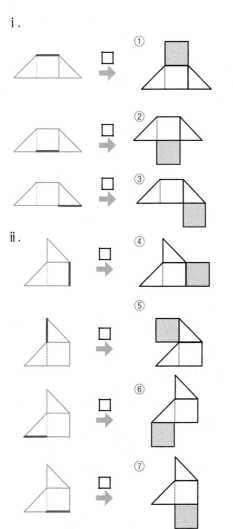

ⅱ.

ⅲ.

ⅳ.

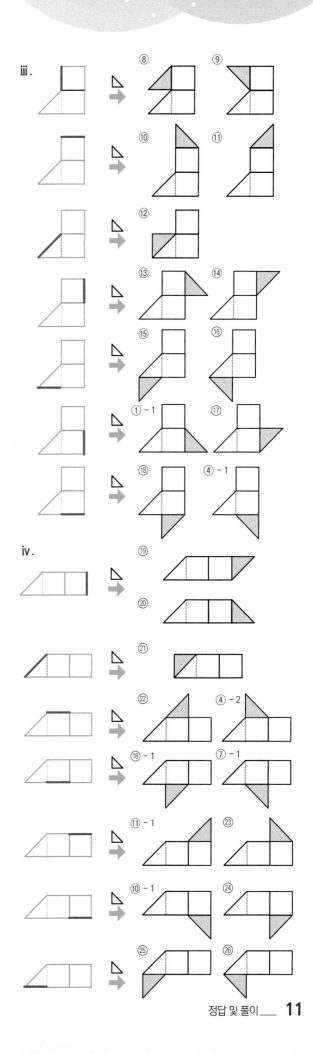

v.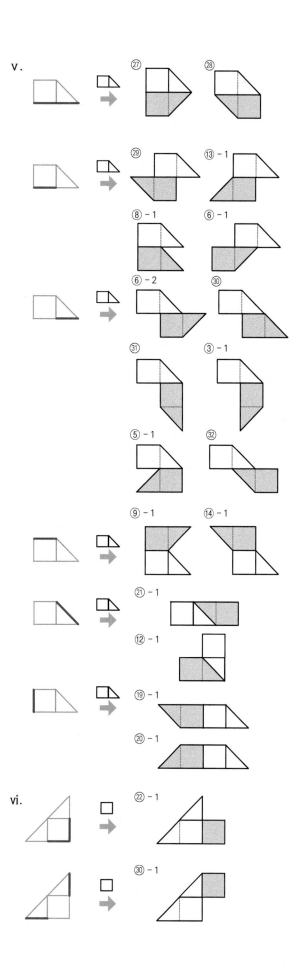

vii.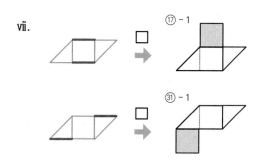

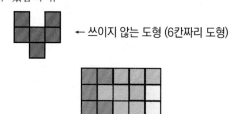

⬤와 ⬤-1, ⬤-2은 서로 같은 모양입니다. 따라서 ㉜번까지 있으므로 세개의 도형을 이용해 만들 수 있는 모양은 모두 32개 입니다.

심화문제 04 .... P. 41

[정답] 풀이 과정 참조

〈풀이 과정〉

1) 모눈종이를 채우기 전 쓰이지 않는 도형을 찾습니다. 모눈종이는 가로 5칸 세로 5칸으로 총 5 × 5 = 25칸으로 이루어져 있습니다. 하지만 〈보기〉에 주어진 도형들의 칸수의 합은 5 + 4 + 4 + 4 + 5 + 3 + 6 = 31칸입니다. 따라서 31 − 25 = 6칸짜리 도형이 쓰이지 않는 것을 알 수 있습니다.

← 쓰이지 않는 도형 (6칸짜리 도형)

← 채운 모습

이외에도 여러 가지 방법이 있을 수 있습니다.

창의적문제해결수학 01 .... P. 42

[정답] 풀이 과정 참조

〈풀이 과정〉

회색으로 칠해진 칸이 폭탄이 있는 곳입니다.

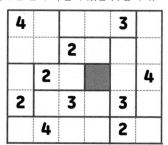

[정답] 풀이 과정 참조

〈풀이 과정〉

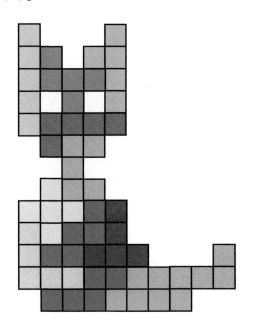

3. 도형의 개수

[정답] 9개

〈풀이 과정〉

1) 3개의 점을 이어 만들 수 삼각형의 개수를 구합니다

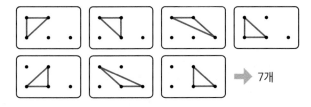

➡ 7개

2) 4개의 점을 이어 만들 수 있는 삼각형의 개수를 구합니다.

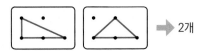

➡ 2개

3) 따라서 여러 개의 점을 이어 만들 수 있는 삼각형의 개수는 모두 7 + 2 = 9개입니다.

[정답] 11개

〈풀이 과정〉

1) △ 모양 한 개로 이루어진 삼각형의 개수를 구합니다.

➡ 8개

2) △ 모양 네 개로 이루어진 삼각형의 개수를 구합니다.

➡ 3개

3) △ 모양 두 개, 세 개 또는 다섯 개 이상으로 이루어진 삼각형은 그림에서 찾을 수 없습니다. 따라서 그림에서 찾을 수 있는 크고 작은 삼각형의 개수는 모두 8 + 3 = 11개입니다.

[정답] 10개

〈풀이 과정〉

1) 한 점을 기준으로 잡고 나머지 점들과 한 번씩 이으며 선분의 개수를 세어 줍니다.

 ➡ 별 모양으로 표시한 점을 기준으로 나머지 점들과 한 번씩 총 4개의 선분을 만들 수 있습니다.

2) 아까 기준으로 잡았던 점을 제외하고 1)과 같은 방법으로 선분의 개수를 세어 줍니다.

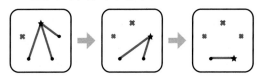

각 별 모양으로 표시한 점을 기준으로 3개, 2개, 1개의 선분을 만들 수 있습니다.

3) 따라서 그림에서 두 개의 점을 이어 만들 수 있는 선분의 개수는 모두 4 + 3 + 2 + 1 = 10개입니다. (정답)

연습문제 **02** ···························· P. 52

[정답] 10개

〈풀이 과정〉

1) 3개의 점을 이어 만들 수 있는 서로 다른 삼각형의 개수를 구합니다.

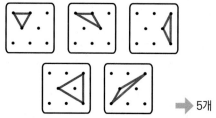

➡ 5개

2) 4개의 점을 이어 만들 수 있는 서로 다른 삼각형의 개수를 구합니다.

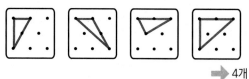

➡ 4개

3) 6개의 점을 이어 만들 수 있는 서로 다른 삼각형의 개수를 구합니다.

➡ 1개

4) 5개의 점 또는 7개 이상의 점을 이어 만든 삼각형은 그림에서 찾을 수 없습니다. 따라서 그림에서 찾을 수 있는 서로 다른 모양의 삼각형 개수는 모두 5 + 4 + 1 = 10개입니다. (정답)

연습문제 **03** ···························· P. 52

[정답] 12개

〈풀이 과정〉

1) 한 개의 도형으로 이루어진 삼각형의 개수를 구합니다.

➡ 3개

2) 두 개의 도형으로 이루어진 삼각형의 개수를 구합니다.

➡ 5개

3) 세 개 이상의 도형으로 이루어진 삼각형의 개수를 구합니다.

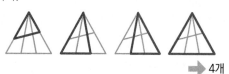

➡ 4개

4) 따라서 그림에서 찾을 수 있는 크고 작은 삼각형의 개수는 모두 3 + 5 + 4 = 12개입니다. (정답)

연습문제 **04** ···························· P. 53

[정답] 18개

〈풀이 과정〉

1) ☐ 모양 1개로 이루어진 사각형의 개수를 구합니다. 그림의 도형은 ☐ 모양 7개를 이어 붙여 만든 도형이므로 ☐ 모양 1개로 이루어진 사각형은 7개입니다.

2) ☐ 모양 2개로 이루어진 사각형의 개수를 구합니다.

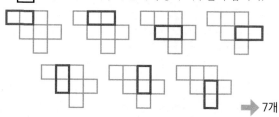

➡ 7개

3) ☐ 모양 3개 이상으로 이루어진 사각형의 개수를 구합니다.

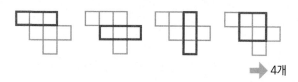

➡ 4개

4) ☐ 모양 다섯 개 이상으로 이루어진 사각형은 그림에서 찾을 수 없습니다. 따라서 그림에서 찾을 수 있는 크고 작은 사각형의 개수는 모두 7 + 7 + 4 = 18개입니다. (정답)

연습문제 **05** ···························· P. 53

[정답] 8개

〈풀이 과정〉

1) 한 개의 도형으로 이루어진 사각형의 개수를 구합니다.

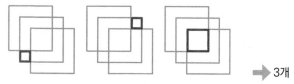

➡ 3개

2) 여러 개의 도형으로 이루어진 사각형의 개수를 구합니다.

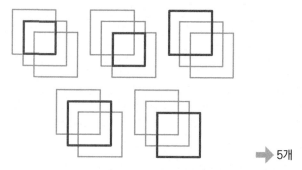

➡ 5개

3) 따라서 그림에서 찾을 수 있는 크고 작은 사각형은 모두 3 + 5 = 8개입니다. (정답)

연습문제 06 ·· P. 53

[정답] 21개

〈풀이 과정〉

1) 한 점을 기준으로 잡고 나머지 점들과 한 번씩 이으며 선 분의 개수를 세어 줍니다.

별 모양으로 표시한 점을 기준으로 나머지 점들과 한 번씩 총 6개의 선분을 만들 수 있습니다.

2) 아까 기준으로 잡았던 점을 제외하고 1)과 같은 방법으로 선분의 개수를 세어 줍니다.

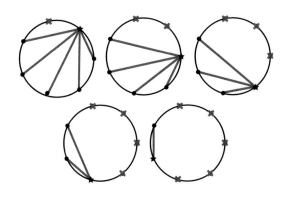

각 별 모양으로 표시한 점을 기준으로 5개, 4개, 3개, 2 개 1개의 선분을 만들 수 있습니다.

3) 따라서 두 개의 점을 이어 만들 수 있는 선분의 개수는 모두 6 + 5 + 4 + 3 + 2 + 1 = 21개입니다. (정답)

연습문제 07 ·· P. 54

[정답] 32개

〈풀이 과정〉

1) △ 모양 1개로 이루어진 삼각형의 개수를 구합니다. 그 림의 도형은 △ 모양 18개를 이어 붙여 만든 도형이므로 △ 모양 1개로 이루어진 삼각형의 개수는 18개입니다.

2) △ 모양 8개로 이루어진 삼각형의 개수를 구합니다.

➡ 4개

3) △ 모양 4개로 이루어진 삼각형의 개수를 구합니다.

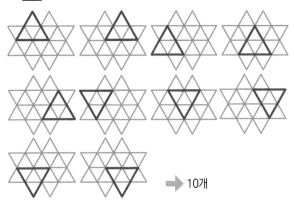

➡ 10개

4) 따라서 그림에서 찾을 수 있는 크고 작은 삼각형의 개수는 모두 18 + 10 + 4 = 32개입니다. (정답)

연습문제 08 ·· P. 54

[정답] 20개

〈풀이 과정〉

1) 원의 중심점을 포함하는 경우와 그렇지 않은 경우로 나누 어 구합니다.

①원의 중심점을 포함하는 경우 만들 수 있는 삼각형의 개 수를 구합니다.

이 모양과 같은 삼각형을 5 개 만들 수 있습니다.

이 모양과 같은 삼각형을 5 개 만들 수 있습니다.

원의 중심점을 포함하는 경우 만들 수 있는 삼각형은 모 두 5 + 5 = 10개입니다.

②원의 중심점을 포함하지 않는 경우 만들 수 있는 삼각 형의 개수를 구합니다.

이 모양과 같은 삼각형을 5 개 만들 수 있습니다.

이 모양과 같은 삼각형을 5 개 만들 수 있습니다.

원의 중심점을 포함하지 않는 경우 만들 수 있는 삼각형 은 모두 5 + 5 = 10개입니다.

2) 따라서 여섯 개의 점 중 세 개의 점을 이어 만들 수 있는 삼각형은 모두 10 + 10 = 20개입니다.

연습문제 **09** ······································· P. 55

[정답] 삼각형의 개수:11개, 사각형의 개수:6개

〈풀이 과정〉

1) 삼각형의 개수

① 한 개의 도형으로 이루어진 삼각형의 개수를 구합니다.

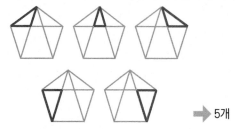

➡ 5개

② 두 개 이상의 도형으로 이루어진 삼각형의 개수를 구합니다.

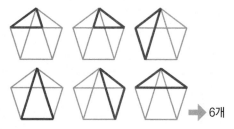

➡ 6개

③ 따라서 그림에서 찾을 수 있는 크고 작은 삼각형의 개수는 5 + 6 = 11개입니다.

2) 사각형의 개수

① 두 개 이하의 도형으로 이루어진 사각형의 개수를 구합니다.

➡ 3개

② 세 개 이상의 도형으로 이루어진 사각형의 개수를 구합니다.

➡ 3개

③ 따라서 그림에서 찾을 수 있는 크고 작은 사각형의 개수는 3 + 3 = 6개입니다.

연습문제 **10** ······································· P. 55

[정답] 24개

〈풀이 과정〉

1) ⭐ 모양을 포함하면서 ☐ 모양 한 개로 이루어져 있는 사각형의 개수를 구합니다. ⭐ 모양을 포함하고 있는 사각형 1개입니다.

➡ 1개

2) ⭐ 모양을 포함하면서 ☐ 모양 두 개로 이루어져 있는 사각형의 개수를 구합니다.

➡ 4개

3) ⭐ 모양을 포함하면서 ☐ 모양 세 개로 이루어져 있는 사각형의 개수를 구합니다.

➡ 3개

4) ☆ 모양을 포함하면서 ☐ 모양 네 개로 이루어져 있는 사각형의 개수를 구합니다.

➡ 5개

5) ⭐ 모양을 포함하면서 ☐ 모양 여섯 개 이상으로 이루어져 있는 사각형의 개수를 구합니다.

➡ 11개

6) 따라서 ⭐ 모양을 포함하는 크고 작은 사각형의 개수는 모두 1 + 4 + 3 + 5 + 11 = 24개입니다. (정답)

[정답] (1)번 답 = 37개, (2)번 답 = 44개

〈㉠ 그림〉 풀이 과정

1) 한 개의 도형으로 이루어진 사각형의 개수를 구합니다.

☐ 모양 ➡ 8개　　▭ 모양 ➡ 2개

총 8 + 2 = 10개

2) 두 개의 도형으로 이루어진 사각형의 개수를 구합니다.

➡ 11개

3) 세 개의 도형으로 이루어진 사각형의 개수를 구합니다.

➡ 7개

4) 네 개 이상의 도형으로 이루어진 사각형의 개수를 구합니다.

➡ 9개

5) 따라서 그림에서 찾을 수 있는 크고 작은 사각형의 개수는 모두 10 + 11 + 7 + 9 = 37개입니다. (정답)

〈㉡ 그림〉 풀이 과정

1) △ 모양 한 개로 이루어진 삼각형의 개수를 구합니다. 그림의 도형은 △ 모양 16개를 이어 붙여 만든 도형이므로 △ 모양 1개로 이루어진 삼각형의 개수는 16개입니다.

2) △ 모양 두 개로 이루어진 삼각형의 개수를 구합니다.

➡ 그림처럼 △ 모양 두 개로 이루어진 삼각형을 각 정사각형(◫)에서 4개씩 4번 만들 수 있습니다.

따라서 △ 모양 두 개로 이루어진 삼각형은 4 × 4 = 16개입니다.

3) △ 모양 네 개로 이루어진 삼각형의 개수를 구합니다.

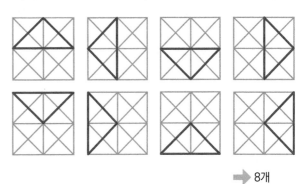

➡ 8개

4) △ 모양 8개로 이루어진 삼각형의 개수를 구합니다.

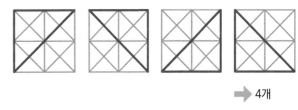

➡ 4개

5) 따라서 그림에서 찾을 수 있는 크고 작은 삼각형의 개수는 모두 16 + 16 + 8 + 4 = 44개입니다. (정답)

[정답] 삼각형의 개수-17개, 사각형의 개수-28개

〈풀이 과정〉

1) 삼각형의 개수

삼각형 모양은 지붕과 문고리 부분에서 찾을 수 있습니다.

① 한 개의 도형으로 이루어진 삼각형의 개수를 구합니다.

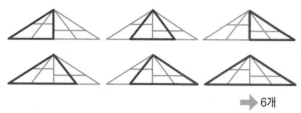

➡️ 5개

② 두 개의 도형으로 이루어진 삼각형의 개수를 구합니다.

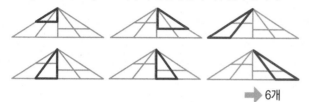

➡️ 6개

③ 네 개 이상의 도형으로 이루어진 삼각형의 개수를 구합니다.

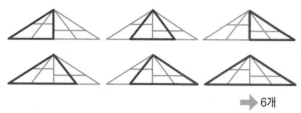

➡️ 6개

④ 따라서 그림에서 찾을 수 있는 크고 작은 삼각형의 개수는 5 + 6 + 6 = 17개입니다. (정답)

2) 사각형의 개수

사각형 모양은 지붕, 창문, 문, 벽 부분에서 찾을 수 있습니다. 창문의 경우 똑같은 모양이 두 개 있으므로 한 번만 구한 후 2배 하는 방식으로 구합니다.

① 한 개의 도형으로 이루어진 사각형의 개수를 구합니다.

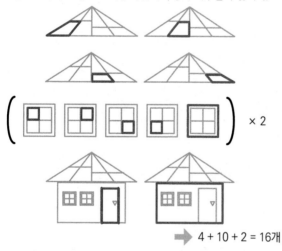

➡️ 4 + 10 + 2 = 16개

② 여러 개의 도형으로 이루어진 사각형의 개수를 구합니다.

➡️ 2 + 10 = 12개

③ 따라서 그림에서 찾을 수 있는 크고 작은 사각형의 개수는 모두 16 + 12 = 28개입니다. (정답)

심화문제 03 .... P. 58

[정답] 10개

〈풀이 과정〉

1) 선분 위에 다른 점을 포함하지 않는 경우와 포함하는 경우로 나누어 구합니다. 이웃하고 있는 점과 점 사이의 거리를 1이라 가정합니다.

① 선분 위에 다른 점을 포함하지 않는 경우

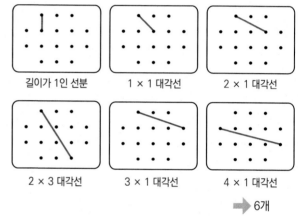

➡️ 6개

② 선분 위에 다른 점을 포함하는 경우

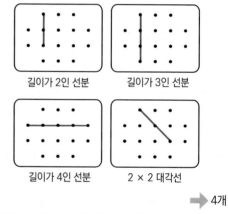

➡️ 4개

2) 따라서 그림에서 만들 수 있는 길이가 서로 다른 선분의 개수는 6 + 4 = 10개입니다.

심화문제 04 .... P. 59

[정답] 47개

〈풀이 과정〉

1) 폭탄을 포함하면서 1개의 도형으로 이루어진 사각형의 개수를 구합니다. 폭탄이 놓인 사각형은 1개입니다.

2) 폭탄을 포함하면서 2개의 도형으로 이루어진 사각형의 개수를 구합니다.

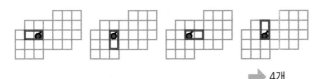

➡ 4개

3) 폭탄을 포함하면서 3개의 도형으로 이루어진 사각형의 개수를 구합니다.

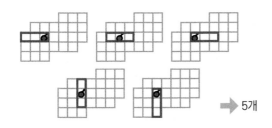

➡ 5개

4) 폭탄을 포함하면서 4개의 도형으로 이루어진 사각형의 개수를 구합니다.

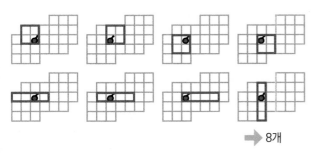

➡ 8개

5) 폭탄을 포함하면서 5개의 도형으로 이루어진 사각형의 개수를 구합니다.

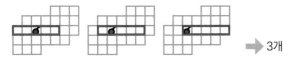

➡ 3개

6) 폭탄을 포함하면서 6개의 도형으로 이루어진 사각형의 개수를 구합니다.

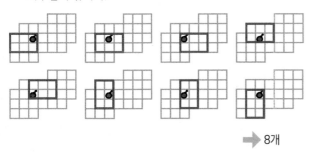

➡ 8개

7) 폭탄을 포함하면서 7개, 8개의 도형으로 이루어진 사각형의 개수를 구합니다.

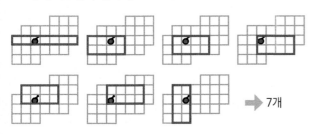

➡ 7개

8) 폭탄을 포함하면서 9개 이상의 도형으로 이루어진 사각형의 개수를 구합니다.

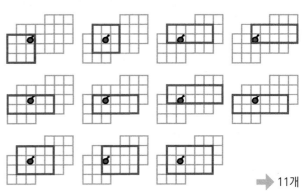

➡ 11개

9) 따라서 폭탄을 포함하는 크고 작은 사각형은 모두
1 + 4 + 5 + 8 + 3 + 8 + 7 + 11 = 47개입니다. (정답)

창의적문제해결수학 **01** ·················· P. 60

[정답] 22가지

〈풀이 과정〉

1) 그림에는 숫자 2, 3, 4, 5, 6 이 두 번씩, 숫자 7, 8 이 한 번 씩 적혀 있습니다. 이 중 세 개의 숫자의 합이 12가 나오는 조합을 구합니다. (2 2 8), (2 3 7), (2 4 6), (2 5 5), (3 3 6), (3 4 5) → 6가지

2) 위에서 구한 6가지 조합대로 만들 수 있는 삼각형을 찾아 줍니다.

① (2 2 8) → 1가지

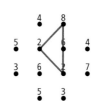

② (2 3 7) → 3가지

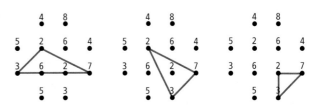

③ (2 4 6) → 6가지

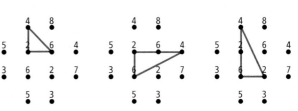

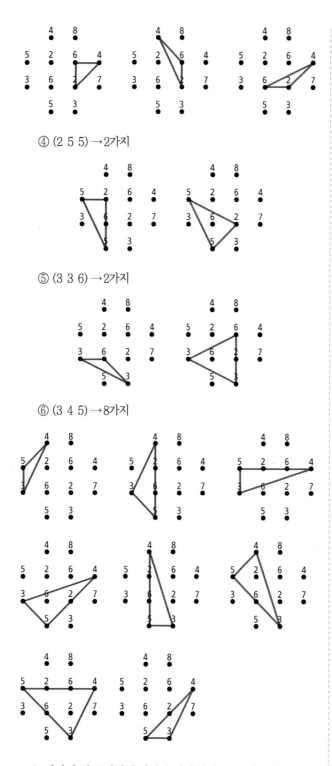

④ (2 5 5) → 2가지

⑤ (3 3 6) → 2가지

⑥ (3 4 5) → 8가지

3) 따라서 세 꼭짓점에 적힌 숫자의 합이 12가 되는 경우는
1 + 3 + 6 + 2 + 2 + 8 = 22가지입니다. (정답)

[정답] 20개

<풀이 과정>

1) 좌우가 대칭인 도형이므로 양쪽에서 같은 모양이 나올 수
있는 경우는 한 번만 구한 뒤 두 배 해주는 방식으로 구합
니다.

① 양쪽에서 같은 모양이 나올 수 있는 경우

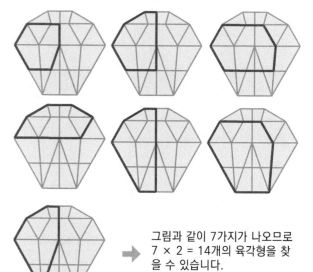

➡ 그림과 같이 7가지가 나오므로
7 × 2 = 14개의 육각형을 찾
을 수 있습니다.

② 한 가지 경우만 나오는 경우 → 6가지

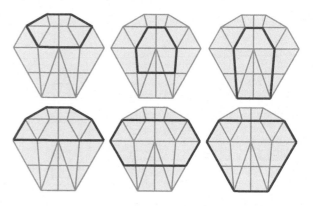

2) 따라서 보석에서 찾을 수 있는 크고 작은 육각형은 14
+ 6 = 20개입니다. (정답)

4. 쌓기나무

대표문제1 확인하기 ………………………… P. 67

[정답] 10개

〈풀이 과정〉

1) 쌓여 있는 쌓기나무의 총 개수에서 눈에 보이는 쌓기나무의 개수를 빼는 방식으로 구합니다.

① 쌓여 있는 쌓기나무의 총 개수 →26개

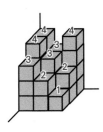

· 맨 위에 놓인 쌓기나무 윗면에 쌓인 쌓기나무의 개수를 적습니다.

· 각 줄의 쌓기나무의 개수를 모두 더합니다.

3 + 2 + 1 + 4 + 3 + 2 + 4 + 3 + 4 = 26

② 눈에 보이는 쌓기나무의 개수 →16개

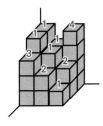

· 맨 위에 놓인 쌓기나무 윗면에 눈에 보이는 쌓기나무의 개수만을 적습니다.

· 각 줄의 쌓기나무의 개수를 모두 더합니다.

3 + 1 + 1 + 2 + 1 + 1 + 1 + 2 + 4 = 16

2) 따라서 눈에 보이지 않는 쌓기나무의 개수는 26 – 16 = 10개입니다.

대표문제2 확인하기 ………………………… P. 69

[정답] 풀이 과정 참조

〈풀이 과정〉

1) 먼저 위에서 본 모양을 그리고 각 줄에 사용된 쌓기나무의 개수를 적습니다.

2) 쌓기나무의 개수에 맞게 앞, 오른쪽 옆에서 본 모양을 그립니다.

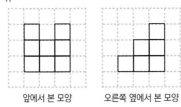

앞에서 본 모양   오른쪽 옆에서 본 모양

연습문제 01 ………………………… P. 70

[정답] 13개

〈풀이 과정〉

1) 쌓여 있는 쌓기나무의 총 개수에서 눈에 보이는 쌓기나무의 개수를 빼는 방식으로 구합니다.

① 쌓여 있는 쌓기나무의 총 개수 →27개

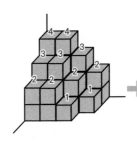

· 맨 위에 놓인 쌓기나무 윗면에 쌓인 쌓기나무의 개수를 적습니다.

· 각 줄의 쌓기나무의 개수를 모두 더합니다.

2 + 2 + 1 + 3 + 3 + 2 + 1 + 4 + 4 + 3 + 2 = 27

② 눈에 보이는 쌓기나무의 총 개수 →14개

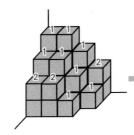

· 맨 위에 놓인 쌓기나무 윗면에 눈에 보이는 쌓기나무의 개수만을 적습니다.

· 각 줄의 개수를 모두 더합니다.

2 + 2 + 1 + 1 + 1 + 1 + 1 + 1 + 1 + 1 + 2 = 14

2) 따라서 눈에 보이지 않는 쌓기나무의 개수는 27 – 14 = 13개입니다. (정답)

연습문제 02 ………………………… P. 70

[정답] 풀이 과정 참조

〈풀이 과정〉

1) 먼저 위에서 본 모양을 그리고 각 줄에 사용된 쌓기나무의 개수를 적습니다.

2) 쌓기나무의 개수에 맞게 앞, 오른쪽 옆에서 본 모양을 그립니다.

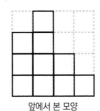
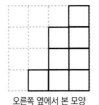

앞에서 본 모양   오른쪽 옆에서 본 모양

연습문제 **03** ·· P. 71

[정답] 11개

<풀이 과정>

1) 오른쪽 그림에 쌓인 쌓기나무의 개수에서 왼쪽 그림에 쌓인 쌓기나무의 개수를 빼면 추가로 더 필요한 쌓기나무의 개수를 알 수 있습니다.

① 왼쪽 그림에 쌓인 쌓기나무의 개수 → 16개

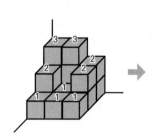

· 맨 위에 놓인 쌓기나무 윗면에 쌓인 쌓기나무의 개수를 적습니다.

· 각 줄의 개수를 모두 더합니다.

1 + 1 + 1 + 2 + 1 + 2 + 3 + 3 + 2 = 16

② 오른쪽 그림에는 한 층에 3 × 3 = 9개씩 총 3층이므로 9 × 3 = 27개의 쌓기나무가 쌓여 있습니다.

2) 따라서 추가로 더 필요한 쌓기나무의 개수는 27 − 16 = 11개입니다.

연습문제 **04** ·· P. 71

[정답] 8개

<풀이 과정>

1) 각 방향에서 본 모양을 참고해 위에서 본 모양에 각 줄에 사용된 쌓기나무의 개수를 적습니다.

① 오른쪽 옆에서 본 모양을 이용

오른쪽 옆에서 본 모양   위에서 본 모양

오른쪽 옆에서 본 모양에서 왼쪽이 1층이므로 회색 빈칸 두 개를 모두 1로 채울 수 있습니다.

② 앞에서 본 모양을 이용

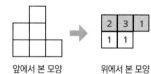

앞에서 본 모양   위에서 본 모양

앞에서 본 모양이 왼쪽부터 차례대로 2층, 3층, 1층으로 보이므로 회색 빈칸 세 개를 각각 2층, 3층, 1층으로 채울 수 있습니다.

2) 따라서 이 입체도형을 만들기 위해서 2 + 3 + 1 + 1 + 1 = 8개의 쌓기나무가 필요합니다. (정답)

완성된 모습

연습문제 **05** ·· P. 71

[정답] 10가지

<풀이 과정>

1) 위에서 본 모양이 아래와 같아지려면 아래 그림의 각 줄에 최소 1개의 쌓기나무가 있어야 합니다.

1	1	1
	1	

위에서 본 모양을 만족시키기 위해 4개의 쌓기나무는 반드시 사용됩니다. 무우가 가진 6개의 쌓기나무 중 남은 2개의 쌓기나무를 한 개씩 나누어 올리는 방법과 두 개를 한꺼번에 올리는 방법으로 나누어 구합니다.

① 한 개씩 나누어 올리는 방법 → 6가지
남은 두 개의 쌓기나무를 한 개씩 서로 다른 줄에 놓습니다.

2	2	1
	1	

2	1	2
	1	

2	1	1
	2	

1	2	2
	1	

1	2	1
	2	

1	1	2
	2	

② 두 개를 한꺼번에 올리는 방법 → 4가지
남은 두 개의 쌓기나무를 한꺼번에 같은 줄 위에 놓습니다.

3	1	1
	1	

1	3	1
	1	

1	1	3
	1	

1	1	1
	3	

2) 따라서 무우가 만들 수 있는 입체도형은 모두 6 + 4 = 10가지입니다. (정답)

연습문제 **06** ·· P. 72

[정답] 21개

<풀이 과정>

1) 바닥 면을 제외한 각 방향에서 보이는 면의 개수를 세어줍니다.

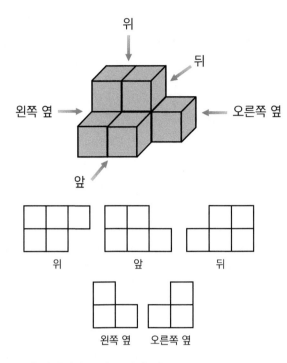

각 방향에서 보이는 면의 개수는 모두 5 + 5 + 5 + 3 + 3 = 21개입니다.

2) 바닥 면을 제외한 모든 면을 색칠한다고 했으므로 색칠되는 쌓기나무의 면은 21개입니다. (정답)

[정답] ④

〈풀이 과정〉

두 개의 입체도형이 각각 다른 색이라고 가정하고 각 도형에서 두 개의 도형을 찾습니다.

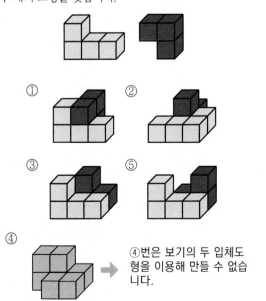

④번은 보기의 두 입체도형을 이용해 만들 수 없습니다.

[정답] 20개

〈풀이 과정〉

1) 첫 번째, 두 번째, 세 번째 단계에서 모두 몇 개의 쌓기나무가 사용되었는지 구하고 네 번째에는 몇 개의 쌓기나무가 쌓일지 생각해 봅니다.

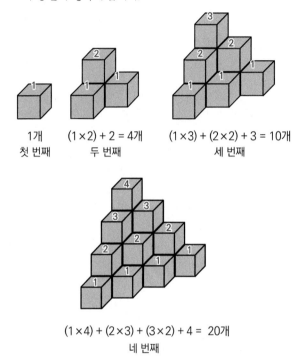

1개
첫 번째

$(1 \times 2) + 2 = 4$개
두 번째

$(1 \times 3) + (2 \times 2) + 3 = 10$개
세 번째

$(1 \times 4) + (2 \times 3) + (3 \times 2) + 4 = 20$개
네 번째

2) 따라서 네 번째로 쌓을 쌓기나무의 개수는 20개입니다. (정답)

연습문제 **09** ·· P. 73

[정답] 2

〈풀이 과정〉

1) 확실하게 개수가 정해지는 줄부터 사용된 쌓기나무의 개수를 적습니다.

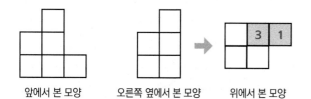

앞에서 본 모양   오른쪽 옆에서 본 모양   위에서 본 모양

각 방향에서 본 모양을 조합해 회색 빈칸을 3, 1로 채울 수 있습니다.

2) 위에서 본 모양에서 개수를 확신할 수 있는 줄은 두 개뿐입니다. 그 외에 나머지 줄에 쌓인 쌓기나무의 개수를 조건에 맞게 구합니다.

① 쌓기나무를 가장 많이 쌓았을 때→10개

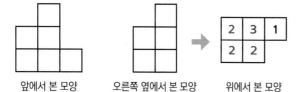

앞에서 본 모양   오른쪽 옆에서 본 모양   위에서 본 모양

앞, 오른쪽 옆에서 본 모양이 위의 그림과 같이 되도록 최대한 많이 쌓기나무를 놓습니다.

② 쌓기나무를 가장 적게 쌓았을 때→8개

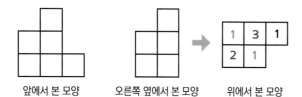

앞에서 본 모양   오른쪽 옆에서 본 모양   위에서 본 모양

앞, 오른쪽 옆에서 본 모양이 위의 그림과 같이 되도록 쌓기나무를 놓은 후(●) 위에서 본 모양도 위의 그림과 같이 되도록 나머지 줄에는 1개의 쌓기나무를 놓습니다. (●)

2) 따라서 쌓기나무를 가장 많이 쌓았을 때와 가장 적게 쌓았을 때 사용된 쌓기나무 개수의 차는 10 - 8 = 2개입니다.

심화문제 **01** ·· P. 74

[정답] 47개

〈풀이 과정〉

1) 썩은 상자를 모두 제거하고 남은 상자의 개수는 쌓여 있는 나무 상자의 총 개수에서 썩은 나무 상자의 개수를 빼는 방식으로 구합니다.

2) 층별로 썩은 나무 상자의 개수를 구합니다.

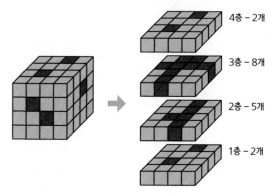

4층 - 2개
3층 - 8개
2층 - 5개
1층 - 2개

썩은 나무 상자의 개수는 총 2 + 8 + 5 + 2 = 17개입니다.

2) 나무 상자는 한 층에 4 × 4 = 16개씩 총 4층이므로 16 × 4 = 64개가 쌓여 있습니다. 따라서 썩은 상자를 모두 제거하고 남은 상자의 개수는 64 - 17 = 47개입니다. (정답)

심화문제 **02** ·· P. 75

[정답] 풀이 과정 참조

〈풀이 과정〉

1) 확실하게 개수가 정해지는 줄부터 사용된 쌓기나무의 개수를 적습니다.

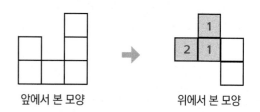

앞에서 본 모양   위에서 본 모양

2) 위에서 본 모양에서 개수를 확신할 수 없는 줄은 2개입니다. 앞에서 본 모양에서 오른쪽이 3층으로 보이도록 2개의 줄에 쌓기나무를 놓는 방법을 찾습니다.

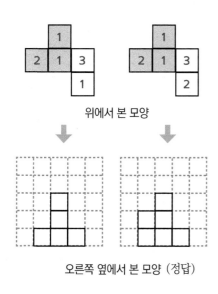

위에서 본 모양

↓ ↓

오른쪽 옆에서 본 모양 (정답)

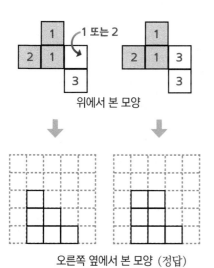

1 또는 2

위에서 본 모양

↓ ↓

오른쪽 옆에서 본 모양 (정답)

심화문제 **03** ·········· P. 76

[정답] 18개, 13개

〈풀이 과정〉

1) 확실하게 개수가 정해지는 줄부터 사용된 쌓기나무의 개수를 적습니다.

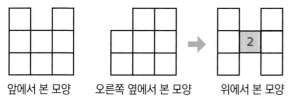

앞에서 본 모양 　　오른쪽 옆에서 본 모양 　　위에서 본 모양

각 방향에서 본 모양을 조합해 회색 빈칸을 2로 채울 수 있습니다.

2) 위에서 본 모양에서 개수를 확신할 수 있는 줄은 한 개뿐입니다. 그 외에 나머지 줄에 쌓인 쌓기나무의 개수를 조건에 맞게 구합니다.

① 쌓기나무를 가장 많이 쌓았을 경우 → 18개

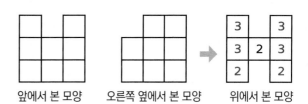

앞에서 본 모양 　　오른쪽 옆에서 본 모양 　　위에서 본 모양

앞, 오른쪽 옆에서 본 모양이 위의 그림과 같이 되도록 최대한 쌓기나무를 많이 놓습니다.

② 쌓기나무를 가장 적게 쌓았을 경우 → 13개

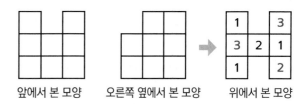

앞에서 본 모양 　　오른쪽 옆에서 본 모양 　　위에서 본 모양

앞, 오른쪽 옆에서 본 모양이 위의 그림과 같이 되도록 쌓기나무를 놓은 후(●)위에서 본 모양도 위의 그림과 같이 되도록 나머지 줄에는 1개의 쌓기나무를 놓습니다.(●)

3) 따라서 쌓기나무를 가장 많이 쌓았을 경우 18개, 가장 적게 쌓았을 경우 13개의 쌓기나무가 필요합니다. (정답)

심화문제 **04** ·········· P. 77

[정답] 풀이 과정 참조

〈풀이 과정〉

1) (1)번 입체도형

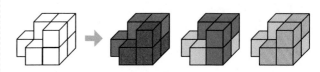

쓰인 조각 - ④, ⑥ 또는 ②, ⑤ 또는 ②, ⑦

2) (2)번 입체도형

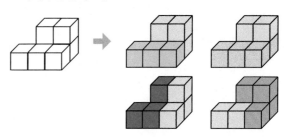

쓰인 조각 - ①, ② 또는 ①, ③ 또는 ①, ⑤ 또는 ①, ⑦

창의적문제해결수학 **01** ·········· P. 78

[정답] 빨간색-5개, 노란색-6개

〈풀이 과정〉

층별로 어떤 색의 쌓기나무가 있는지 확인합니다.

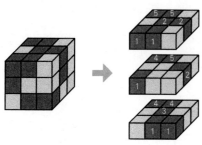

빨간색 입체도형 은 5개, 노란색 입체도형 은 6개가 필요합니다.

창의적문제해결수학 **02** ·········· P. 79

[정답] 무우-8조각, 상상이-12조각, 알알이-6조각, 제이-1조각

〈풀이 과정〉

1) 몇 개의 면에 크림이 묻었는지에 따라 나누어 구합니다.

　① 세 면에 크림이 묻은 조각 → 8조각

　　➡ 꼭짓점 자리에 위치한 8개의 조각은 세 면에 크림이 묻어 있습니다.

　② 두 면에 크림이 묻은 조각 → 12조각

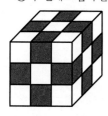

　　➡ 모서리 자리에 위치한 12개의 조각은 두 면에 크림이 묻어 있습니다.

　③ 한 면에 크림이 묻은 조각 → 6조각

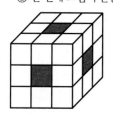

　　➡ 각 면에 중앙부에 위치한 6개의 조각은 한 면에 크림이 묻어 있습니다.

　④ 크림이 묻지 않은 조각

　　27개의 조각 중 크림이 묻은 8 + 12 + 6 = 26개의 조각을 제외한 27 − 26 = 1조각입니다.

2) 따라서 무우는 8조각, 상상이는 12조각, 알알이는 6조각, 제이는 1조각을 먹게 됩니다.

5. 주사위

대표문제 1 확인하기 ·········· P. 85

[정답] 2

〈풀이 과정〉

1) 마주 보는 두 면의 눈의 합이 7, 서로 맞닿는 두 면의 눈의 합이 8이 되도록 각 면의 눈의 수를 적으면 다음과 같습니다.

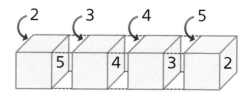

2) 따라서 맨 왼쪽에 있는 면의 눈의 수는 2입니다.

대표문제 2 확인하기 ·········· P. 87

[정답] 53

〈풀이 과정〉

1) 겉면에 새겨진 모든 눈의 합은 네 개의 주사위에 새겨져 있는 모든 눈의 합에서 각 주사위가 다른 주사위와 서로 맞닿은 모든 면에 새겨진 눈의 합을 빼는 방식으로 구합니다.

2) 한 개의 주사위에 새겨져 있는 모든 눈의 합은 1 + 2 + 3 + 4 + 5 + 6 = 21입니다.
네 개의 주사위에 새겨져 있는 모든 눈의 합은 21 × 4 = 84입니다.

3) 네 개의 각 주사위를 A, B, C, D라고 했을 때, 각 주사위가 다른 주사위와 맞닿는 면의 개수를 아래와 같이 셀 수 있습니다.

주사위	A	B	C	D
다른 주사위와 맞닿은 면의 개수	1	1	3	1

4) 겉면에 새겨진 모든 눈의 합이 가장 작기 위해서 맞닿은 면들의 눈의 합이 가장 커야 합니다. 주사위별로 다른 주사위와 맞닿은 면들의 눈의 합이 가장 크도록 아래 표를 채웁니다. C 주사위의 경우 마주 보는 두 면이 모두 다른 주사위와 맞닿아 있으므로 어떤 경우든 눈의 합에 7을 포함합니다.

주사위	A	B	C	D
다른 주사위와 맞닿은 눈의 합	6	6	6+7=13	6

5) 따라서 주사위끼리 맞닿은 면들의 눈의 합이 큰 경우는
6 + 6 + 13 + 6 = 31입니다.
네 개의 주사위에 새겨져 있는 모든 눈의 합이 84이므
로 겉면에 새겨진 모든 눈의 가장 작을 때의 값은 84 −
31 = 53입니다. (정답)

연습문제   **01**   ⋯⋯⋯⋯⋯⋯⋯⋯⋯⋯⋯⋯ P. 88

[정답] 풀이 과정 참조

〈풀이 과정〉

전개도를 접었을 때 마주 보게 되는 두 면을 짝지어 칠점 원리
에 맞게 나머지 빈칸에 알맞은 눈을 그려 넣습니다.

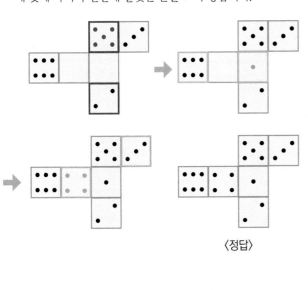

〈정답〉

연습문제   **02**   ⋯⋯⋯⋯⋯⋯⋯⋯⋯⋯⋯⋯ P. 88

[정답] 22, 6

〈풀이 과정〉

1) 주사위의 윗면에 새겨진 눈의 합이 가장 큰 경우는 네 개
의 주사위 윗면에 최대한 큰 수의 눈이 오는 경우이고, 가
장 작은 경우는 최대한 작은 수의 눈이 오는 경우입니다.

2) 네 개의 각 주사위를 왼쪽부터 순서대로 A, B, C, D라 이
름 붙인 뒤 풀이합니다.

① 윗면에 새겨진 눈의 합이 가장 클 때
A와 C 주사위 윗면에는 6이 올 수 있습니다. 하지만 B 주
사위의 경우 앞면이 6이고, D 주사위의 경우 칠점 원리
에 의해 반드시 뒷면에 6이 오게 되므로 두 경우 모두 윗면에
6이 올 수 없습니다. 윗면에 새겨진 눈의 합이 가장 큰 경
우는 A와 C 주사위 윗면에 6, B와 D 주사위 윗면에 5가 오
는 경우입니다.

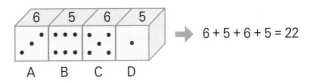

② 윗면에 새겨진 눈의 합이 가장 작을 때
A와 C 주사위 윗면에는 1이 올 수 있습니다. 하지만 B 주
사위의 경우 칠점 원리에 의해 반드시 뒷면에 1이 오고, D
주사위의 경우 앞면이 1이므로 두 경우 모두 윗면에 1이 올
수 없습니다. 따라서 윗면에 새겨진 눈의 합이 가장 작은
경우는 A와 C 주사위 윗면에 1, B와 D 주사위 윗면에 2가
오는 경우입니다.

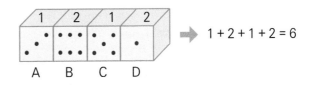

3) 따라서 주사위 윗면에 새겨진 눈의 합이 가장 클 때의
값은 22, 작을 때의 값은 6입니다. (정답)

연습문제   **03**   ⋯⋯⋯⋯⋯⋯⋯⋯⋯⋯⋯⋯ P. 88

[정답] 38

〈풀이 과정〉

1) 마주 보는 두 면의 눈의 합이 7, 서로 맞닿는 두 면이 같도
록 각 면의 눈의 수를 적으면 다음과 같습니다.

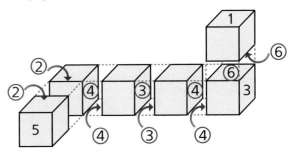

3) 서로 맞닿은 모든 면에 새겨진 눈의 합은 2 + 2 + 4 + 4
+ 3 + 3 + 4 + 4 + 6 + 6 = 38입니다. (정답)

연습문제 **04** ································· P. 89

[정답] 89

〈풀이 과정〉

1) 겉면에 새겨진 모든 눈의 합은 다섯 개의 주사위에 새겨져 있는 모든 눈의 합에서 각 주사위가 다른 주사위와 서로 맞닿은 모든 면에 새겨진 눈의 합을 빼는 방식으로 구합니다.

2) 한 개의 주사위에 새겨져 있는 모든 눈의 합은 1 + 2 + 3 + 4 + 5 + 6 = 21입니다. 다섯 개의 주사위에 새겨져 있는 모든 눈의 합은 21 × 5 = 105입니다.

3) 다섯 개의 각 주사위를 A, B, C, D, E라고 했을 때, 각 주사위가 다른 주사위와 맞닿는 면의 개수를 다음과 같이 셀 수 있습니다. 보이지 않는 주사위를 E라고 합니다.

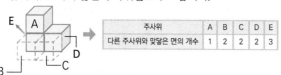

주사위	A	B	C	D	E
다른 주사위와 맞닿은 면의 개수	1	2	2	2	3

4) 겉면에 새겨진 모든 눈의 합이 가장 크기 위해서 맞닿은 면들의 눈의 합이 가장 작아야 합니다. 주사위별로 다른 주사위와 맞닿은 면들의 눈의 합이 가장 작도록 아래 〈표〉를 채웁니다.

주사위	A	B	C	D	E
눈의 합	1	1 + 2	1 + 2	1 + 2	1 + 2 + 3

〈표〉

5) 따라서 주사위끼리 맞닿은 면들의 눈의 합이 가장 작은 경우는 1 + 3 + 3 + 3 + 6 = 16입니다.
다섯 개의 주사위에 새겨져 있는 모든 눈의 합이 105이므로 겉면에 새겨진 모든 눈의 합이 가장 클 때의 값은 105 − 16 = 89입니다.

연습문제 **05** ································· P. 89

[정답] 240

〈풀이 과정〉

1) 마주 보는 두 면의 눈의 합이 7, 서로 맞닿는 두 면의 눈의 합이 8이 되도록 각 면의 눈의 수를 적으면 다음과 같습니다.

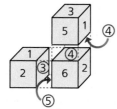

2) 서로 맞닿은 모든 면에 새겨진 눈의 곱은 3 × 5 × 4 × 4 = 240입니다. (정답)

연습문제 **06** ································· P. 89

[정답] 5

〈풀이 과정〉

전개도를 접었을 때 회색 면과 마주 보는 면을 찾아 칠점 원리에 맞게 눈을 그려 넣습니다.

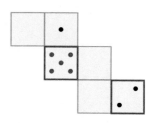

연습문제 **07** ································· P. 90

[정답] ⑤번 전개도

〈풀이 과정〉

1) ①번, ④번 전개도는 칠점 원리를 만족하지 않습니다.

① 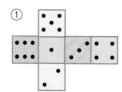   ④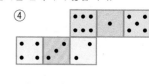

2) ②번, ③번 전개도는 접어서 주사위를 만들 수 없습니다.

② 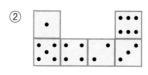   ③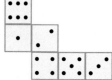

3) 칠점 원리를 만족하면서 주사위를 만들 수 있는 전개도는 ⑤번 전개도 입니다.

⑤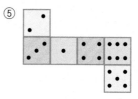

[정답] 123

〈풀이 과정〉

1) 5부터 10까지 연속하는 6개의 자연수 합이 15가 되도록 두 개씩 짝지으면 (5, 10), (6, 9), (7, 8)입니다. 5에 마주 보는 면에는 10, 6에 마주 보는 면에는 9, 7에 마주 보는 면에는 8이 있어야 합니다.

2) 겉면에 새겨진 모든 눈의 합은 네 개의 주사위에 새겨져 있는 모든 눈의 합에서 각 주사위가 다른 주사위와 서로 맞닿은 모든 면에 새겨진 눈의 합을 빼는 방식으로 구합니다.

3) 한 개의 주사위에 새겨져 있는 모든 눈의 합이 $5 + 6 + 7 + 8 + 9 + 10 = 45$이므로
네 개의 주사위에 새겨져 있는 모든 눈의 합은 $45 × 4 = 180$입니다.

4) 네 개의 각 주사위를 A, B, C, D라고 했을 때, 각 주사위가 다른 주사위와 맞닿는 면의 개수를 아래와 같이 셀 수 있습니다.

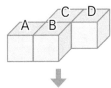

주사위	A	B	C	D
다른 주사위와 맞닿은 면의 개수	1	2	2	1

5) 겉면에 새겨진 모든 눈의 합이 가장 작기 위해서 맞닿은 면들의 눈의 합이 가장 커야 합니다. 주사위별로 다른 주사위와 맞닿은 면들의 눈의 합이 가장 크도록 아래 표를 채웁니다.

주사위	A	B	C	D
다른 주사위와 맞닿은 눈의 합	9	9+10=19	9+10=19	10

A 주사위의 경우 앞면이 5이고, 마주 보는 두 면의 합이 15이므로 뒷면이 10이기 때문에 B 주사위와 맞닿는 면에는 10이 올 수 없습니다. 따라서 주사위끼리 맞닿은 면들의 눈의 합이 가장 큰 경우는 $9 + 19 + 19 + 10 = 57$입니다.
네 개의 주사위에 새겨져 있는 모든 눈의 합이 180이므로 겉면에 새겨진 모든 눈의 합이 가장 작을 때의 값은 $180 - 57 = 123$입니다. (정답)

[정답] 6, 7, 9, 10, 11, 12, 14, 15

〈풀이 과정〉

1) 〈보기〉에 주어진 주사위의 눈의 배열을 확인합니다.

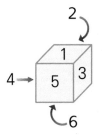

2) 주사위의 별 모양으로 표시된 부분이 여덟 개의 점으로 돌아가면서 위치할 수 있습니다.

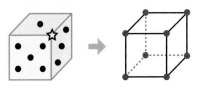

그러므로 세 면이 한 번에 보이도록 할 수 있는 방법은 총 8가지가 있습니다. (1 5 3), (1 4 5), (1 2 4), (1 3 2), (6 2 3), (6 3 5), (6 5 4), (6 4 2)

3) 따라서 세 면의 눈의 합으로 가능한 수는 9, 10, 7, 6, 11, 14, 15, 12입니다. (정답)

[정답] 50

〈풀이 과정〉

1) 〈보기〉에 주어진 주사위의 눈의 배열을 확인합니다.

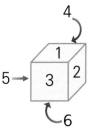

2) 겉면에 새겨진 모든 눈의 합은 세 개의 주사위에 새겨져 있는 모든 눈의 합에서 각 주사위가 다른 주사위와 서로 맞닿은 모든 면에 새겨진 눈의 합을 빼는 방식으로 구합니다.

3) 한 개의 주사위에 새겨져 있는 모든 눈의 합은 $1 + 2 + 3 + 4 + 5 + 6 = 21$입니다. 그러므로 세 개의 주사위에 새겨져 있는 모든 눈의 합은 $21 × 3 = 63$입니다.

4) 〈보기〉의 오른쪽 그림에 나타난 눈의 모양과 칠점 원리를 이용하여 다른 주사위와 맞닿은 면에 새겨진 눈의 합을 구합니다. 가운데 위치한 주사위는 마주 보는 두 면이 모두 다른 주사위와 맞닿아 있으므로 어떤 경우든 두 면의 눈의 합은 7입니다. 맨 왼쪽에 위치한 주사위는 윗면이 1이고 앞면이 5인 경우 왼쪽 면에 4, 오른쪽 면에 3인 눈을 가지므로 오른쪽 면의 눈의 수는 3입니다.

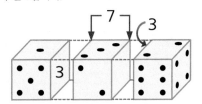

5) 따라서 서로 맞닿은 모든 면에 새겨진 눈의 합이 $3 + 7 + 3 = 13$이므로 겉면에 새겨진 모든 눈의 합은 $63 - 13 = 50$입니다. (정답)

심화문제 **01** ···················· P. 92

[정답] 5

〈풀이 과정 1〉

1) 순서와 방향에 맞게 주사위를 굴려줍니다.

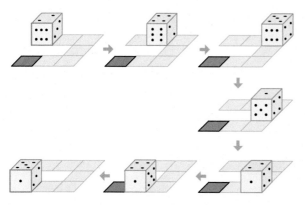

2) 따라서 회색 지점까지 움직였을 때 주사위 윗면의 눈의
   수는 5입니다.

〈풀이 과정 2〉

주사위를 직접 굴리지 않고 게임판 윗면에 눈의 수를 적어가
며 간단히 풀 수 있습니다.

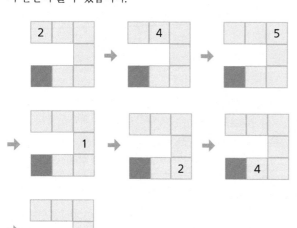

심화문제 **02** ···················· P. 92

[정답] 가장 클 때 : 129, 가장 작을 때 : 67

〈풀이 과정 1〉

1) 겉면에 새겨진 모든 눈의 합은 여덟 개의 주사위에 새겨
   져 있는 모든 눈의 합에서 각 주사위가 다른 주사위와 서
   로 맞닿은 모든 면에 새겨진 눈의 합을 빼는 방식으로 구
   합니다.

2) 한 개의 주사위에 새겨져 있는 모든 눈의 합은 1 + 2 +
   3 + 4 + 5 + 6 = 21입니다. 그러므로 여덟 개의 주사
   위에 새겨져 있는 모든 눈의 합은 21 × 8 = 168입니다.

3) 여덟 개의 각 주사위를 A, B, C, D, E, F, G, H라고 했을
   때, 각 주사위가 다른 주사위와 맞닿는 면의 개수를 아래
   와 같이 셀 수 있습니다. 보이지 않는 두 개의 주사위를
   왼쪽부터 G, H라고 합니다.

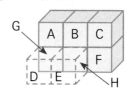

주사위	A	B	C	D	E	F	G	H
다른 주사위와 맞닿은 면의 개수	2	3	2	2	2	2	3	4

4) 겉면에 새겨진 모든 눈의 합이 가장 크기 위해서 맞닿은
   면들의 눈의 합이 가장 작아야 하고, 겉면에 새겨진 모든
   눈의 합이 가장 작기 위해서 맞닿은 면들의 눈의 합이 가
   장 커야 합니다. 주사위별로 다른 주사위와 맞닿은 면들
   의 눈의 합이 가장 작고 크도록 아래 표를 채웁니다. B, H
   주사위의 경우 마주 보는 두 면이 모두 다른 주사위와 맞
   닿아 있으므로 어떤 경우든 눈의 합에 7을 포함합니다.

① 맞닿은 면들의 눈의 합이 가장 작은 경우

주사위	A	B	C	D	E	F	G	H
다른 주사위와 맞닿은 눈의 합	1+2	7+1	1+2	1+2	1+2	1+2	1+2+3	7+1+2

② 맞닿은 면들의 눈의 합이 가장 큰 경우

주사위	A	B	C	D	E	F	G	H
다른 주사위와 맞닿은 눈의 합	6+5	7+6	6+5	6+5	6+5	6+5	6+5+4	7+6+5

4) 주사위끼리 맞닿은 면들의 눈의 합이 가장 작은 경우는
   3 + 8 + 3 + 3 + 3 + 3 + 6 + 10 = 39이고, 가장 큰
   경우는 11 + 13 + 11 + 11 + 11 + 11 + 15 + 18 =
   101입니다.
   따라서 여덟 개의 주사위에 새겨져 있는 모든 눈의 합이
   168이므로 겉면에 새겨진 모든 눈의 합이 가장 클 때는
   168 - 39 = 129이고, 가장 작을 때는 168 - 101 = 67
   입니다. (정답)

[정답] 풀이 과정 참조

〈풀이 과정〉

1) 전개도를 접었을 때 마주 보게 되는 두 면을 짝지어 칠점원리에 맞게 나머지 빈칸에 알맞은 주사위 눈을 그려 넣습니다.

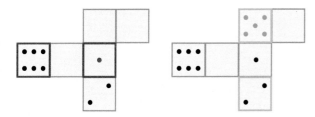

2) 채우지 못한 두 개의 빈칸은 완성된 주사위 모양을 보고 채울 수 있습니다.

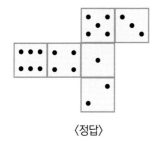

〈정답〉

[정답] 풀이 과정 참조

〈풀이 과정〉

1) 주사위를 한 방향으로 4번 돌릴 경우 다시 원래 상태로 돌아오는 것을 이용해 쉽게 풀이할 수 있습니다.

2) 뒤쪽으로 20번 굴릴 경우 20이 4의 배수이므로 주사위가 다시 원래 상태로 돌아오는 것을 알 수 있습니다. 왼쪽으로 17번 굴릴 경우 16이 4의 배수이므로 16번 굴려서 다시 원래 상태로 돌아온 뒤 한 번을 더 굴린 것과 같습니다. 따라서 뒤쪽으로 20번, 왼쪽으로 17번 굴리는 것은 왼쪽으로 한 번 굴린 것과 같은 상태입니다.

3) 왼쪽으로 한 번 굴렸을 때 윗면에 오게 되는 눈의 모양은 다음과 같이 그릴 수 있습니다.

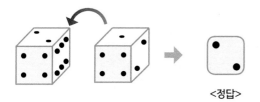

〈정답〉

[정답] 40

〈풀이 과정〉

1) 위, 앞, 오른쪽 옆에서 본 모양을 이용해 눈을 그리고, 칠점원리와 〈보기〉에 주어진 주사위 모양을 이용하여 보이지 않는 면에 알맞은 눈의 수를 적으면 다음과 같습니다.

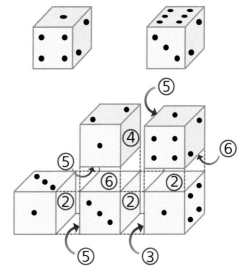

2) 따라서 서로 맞닿은 모든 면에 새겨진 눈의 합은
2 + 2 + 5 + 3 + 6 + 5 + 2 + 6 + 4 + 5 = 40입니다.

[정답] 18

〈풀이 과정 1〉

1) 주사위를 던졌을 때 나오는 숫자는 주사위를 던져서 나온 윗면을 제외한 나머지 면들에 새겨진 눈의 합을 뜻합니다.

2) 주사위를 던져서 1이 나왔을 때, 윗면인 1을 제외한 나머지 눈의 합을 구하면 2 + 3 + 4 + 5 + 6 = 20이 나옵니다. 마찬가지로 주사위를 던져서 4가 나왔을 때, 윗면인 4를 제외한 나머지 눈의 합을 구하면 1 + 2 + 3 + 5 + 6 = 17이 나옵니다. 이와 같은 방식으로 윗면에 3이 나왔을 때를 구하면 1 + 2 + 4 + 5 + 6 = 18이므로 퀴즈의 정답은 18입니다. (정답)

〈풀이 과정 2〉

1) 한 개의 주사위에 새겨져 있는 모든 눈의 합은 1 + 2 + 3 + 4 + 5 + 6 = 21입니다.

2) 주사위를 던져서 1이 나왔을 때, 윗면인 1을 제외한 나머지 눈의 합을 구하면 21 - 1 = 20이 나옵니다. 마찬가지로 주사위를 던져서 4가 나왔을 때, 윗면인 4를 제외한 나머지 눈의 합을 구하면 21 - 4 = 17이 나옵니다. 이와 같은 방식으로 윗면에 3이 나왔을 때를 구하면 21 - 3 = 18이므로 퀴즈의 정답은 18입니다. (정답)

MEMO

영재들의 Math Travel
수학여행

창의영재수학

아이앤아이

창의영재수학

아이@아이

무한상상 교재 활용법

무한상상은 상상이 현실이 되는 차별화된 창의교육을 만들어갑니다.

아이앤아이 시리즈

특목고, 영재교육원 대비서

	아이앤아이 영재들의 수학여행	아이앤아이 꾸러미	아이앤아이 꾸러미 120제	아이앤아이 꾸러미 48제	아이앤아이 꾸러미 과학대회	창의력과학 아이앤아이 I&I
	수학 (단계별 영재교육)	수학, 과학	수학, 과학	수학, 과학	과학	과학
6세~초1	출시 예정	수, 연산, 도형, 측정, 규칙, 문제해결력, 워크북 (7권)				
초 1~3		수와 연산, 도형, 측정, 규칙, 자료와 가능성, 문제해결력, 워크북 (7권)				
초 3~5		수와 연산, 도형, 측정, 규칙, 자료와 가능성, 문제해결력 (6권)	수학, 과학 (2권)	수학, 과학 (2권)	과학토론 대회, 과학산출물 대회, 발명품 대회 등 대회 출전 노하우	
초 4~6	출시 예정	수와 연산, 도형, 측정, 규칙, 자료와 가능성, 문제해결력 (6권)				
초 6	출시 예정	수와 연산, 도형, 측정, 규칙, 자료와 가능성, 문제해결력 (6권)				
중등			수학, 과학 (2권)	수학, 과학 (2권)	과학토론 대회, 과학산출물 대회, 발명품 대회 등 대회 출전 노하우	물리(상,하), 화학(상,하), 생명과학(상,하), 지구과학(상,하) (8권)
고등						